U0314983

偏远地区能源系统
调度方法与应用

徐兰静　著

北　京

冶　金　工　业　出　版　社

2024

内 容 提 要

本书较为全面地介绍了偏远地区能源系统调度的相关理论、模型和方法，并结合工程案例，对优化调度问题进行了详细讨论。全书共 7 章，主要内容包括绪论、DIES 运行调度优化概述、DIES 原理及模型、基于免疫网络的系统运行管理、基于考虑模糊逻辑决策边界的源侧任务分配策略、负荷侧免疫调度与能量分配策略、故障下的风险评估及自愈策略等。

本书可供从事综合能源系统运行调度研究及能源工程管理的相关人员阅读，也可供高等院校能源及相关专业的师生参考。

图书在版编目（CIP）数据

偏远地区能源系统调度方法与应用／徐兰静著.
北京：冶金工业出版社，2024. 10. -- ISBN 978-7-5024-
9929-7

Ⅰ. TK018

中国国家版本馆 CIP 数据核字第 20243T71J5 号

偏远地区能源系统调度方法与应用

出版发行	冶金工业出版社	**电　话**	（010）64027926
地　　址	北京市东城区嵩祝院北巷 39 号	**邮　编**	100009
网　　址	www. mip1953. com	**电子信箱**	service@ mip1953. com

责任编辑　马媛馨　美术编辑　吕欣童　版式设计　郑小利
责任校对　郑　娟　责任印制　窦　唯
北京建宏印刷有限公司印刷
2024 年 10 月第 1 版，2024 年 10 月第 1 次印刷
710mm×1000mm　1/16；8.75 印张；168 千字；130 页
定价 69.00 元

投稿电话　（010）64027932　投稿信箱　tougao@ cnmip. com. cn
营销中心电话　（010）64044283
冶金工业出版社天猫旗舰店　yjgycbs. tmall. com
（本书如有印装质量问题，本社营销中心负责退换）

前　　言

世界上仍有较多海岛、山区和高海拔牧区等偏远地区尚未与大电网等公共供能设施联网，生产生活用能高度依赖薪柴、煤炭、畜粪等传统能源供应。传统用能方式不仅供能安全性差，还存在能效低、火灾隐患以及破坏当地生态环境等弊端。在一些海岛、郊区等较为偏远地区，虽然与大电网互联，但因处于电网末端的薄弱环节，电能质量和供能可靠性较弱。可靠的能源供给是偏远地区高质量生存和发展的命脉。

可再生能源是偏远地区未来能源发展的方向。开发和利用可再生能源有助于解决当地面临的能源与环境双重危机。在近年来的研究和应用中，基于可再生能源的分布式综合能源系统被认为是解决偏远及较为偏远地区生产生活用能问题的最佳方式。随着相关技术的成熟、设备成本的下降、化石能源价格的持续上涨及"双碳"目标紧迫性的提高，分布式能源系统市场规模、应用场合显著增加，尤其在偏远地区呈现欣欣向荣之势。

分布式综合能源系统技术研究包括了规划设计、故障检测、运行控制、能量管理与调度等多个方面。该系统多暴露在野外环境，由于风、光、水等可再生能源存在天然的间歇性、波动性、随机性的特征，供需之间存在逆向错位，以及子系统间复杂耦合，能量管理与调度问题是亟须解决的核心问题，以保障综合能源系统的安全运行与可靠供能。

适合于偏远地区分布式能源系统在线可靠运行的实时调度方法应该具有如下的属性：兼顾调度解的质量和实时性；对动态环境和任务的自适应性、抗扰动性；具有识别新故障和更新策略集的能力；具有处理非线性、不确定性信息的能力；全局优化时，充分体现和利用设备/子系统间相互依存、影响，彼此竞争的关系。现有研究在实现现场应用方面仍存在一定的不足。

　　基于此，本书阐述了偏远地区分布式能源系统运行调度分析理论、模型和方法。全书共 7 章，第 1 章简要介绍了偏远地区用能现状，以及不同可再生能源特点和实际应用项目，并阐述了分布式综合能源系统的国内外发展现状以及典型应用场景。第 2 章介绍了分布式能源系统能量管理与实时调度方法，并分析比较了国内外现有研究和适用性。第 3 章以热带某孤立岛礁分布式能源系统为例，详细介绍了目前比较常见、技术较为成熟的分布式能源产能、储能模型。另外，建立了该系统的能源网络节点模型和节点间权-权相关性模型。第 4 章依据孤立岛礁分布式能源系统运行管理的挑战与需求，介绍了基于免疫网络运行策略的理论与原理，在 Jerne 独特型免疫网络学说基础上，提出了免疫网络调度模型。第 5 章提出了一种兼顾实时性和准确性的考虑决策边界的基于模糊逻辑的源侧任务分配策略。通过某孤岛分布式能源系统算例分析，对能流管理与任务分配过程做了详细说明。第 6 章阐述了负荷侧免疫调度与能量分配策略。本章案例中，广义㶲作为判断系统能流方向的重要柔性决策边界与评价目标函数，引导系统能级的更优匹配，以达到节能和资源有效利用的目的。第 7 章针对暴露在野外环境的分布式能源系统故障多发、安全供能受到严重威胁的痛点问题，以最大化系统恢复力因子为目标，提出了基于免疫机制的双层自愈运行策略。通过对本章的学习，可以加深对分布式能源系统自愈调度的了解和认识。

　　本书的绝大多数调度分析方法都来自西华大学徐兰静及团队这几年的成果总结。本书在撰写过程中，参考了有关文献资料，在此向文献资料作者表示感谢。

　　由于作者水平所限，书中不妥之处，敬请广大读者批评指正。

作　者
2024 年 4 月

目　　录

1 绪 论

1.1 偏远地区用能现状

世界上近20%的人口（16亿人）缺乏稳定的能源供应。许多人生活在偏远地区，如孤立岛礁、偏远农村、山区。在脱离公共供能设施的情况下，如何有效可靠地解决该类地区的用能问题面临较大挑战。现在每一个人平均每年消耗的能源几乎是人们祖先在狩猎时期的 25 倍。Vaclav Smil 在他的 *Energy in World History* 一书中，引用了人类学家 Hoyt Alverson 的一句话，"回看超过千年的文化变革，文化生态维度最显著的一方面是文化承受人口的大小和密度的一致性，另一方面是必须从环境中挖掘并转化成材料和能源形式的人均潜在能源量"。本章介绍了偏远地区可获得的能源及用能现状，用以提供人们生存所依赖的炊事、取暖、供冷、照明和通信等需求。

1.1.1 传统能源

由于经济发展不均衡，目前，偏远地区取暖用能多采用薪柴、秸秆、牛粪、煤、汽油、柴油、天然气、沼气和火电等传统能源，商品能源和新型能源的使用比例仍较小。尤其在一些海拔高、地形复杂、交通不便的高原和山区表现更为突出。这些地区大部分都是生态脆弱区，直接燃烧薪柴、秸秆等粗放的能源使用方式对森林和草地造成严重破坏，致使生态服务功能锐减。近年来，政府对生态保护的重视不断提高，党的十八大提出了"生态文明建设"目标，将生态保护提到了新的高度，把资源损耗、环境损害、生态效益纳入经济社会发展评价体系；化石能源的高价、运输困难以及短缺现状也提高了偏远地区的用能门槛；由于输运距离远、地形地貌异质度高、居住分散等因素制约，配电网也未普及到小部分偏远地区。识别偏远地区能源结构变化因素，引导偏远地区能源消费结构优化、保障生态安全是众多学者研究的热点问题。

以西藏自治区（简称"西藏"）农村为例，很多地方依旧以畜粪、薪柴、秸秆为炊事燃料，沿用古老的直接燃烧方法。农村使用的旧灶绝大多数是大炉膛、大灶口，没有烟囱、炉排和炉门，热效率低，只有 8%~13%，消耗燃料多，浪费大；取暖也直接烧薪柴、畜粪。在林区取暖燃烧的薪柴量大。河谷农区住房采光较好，房屋建筑多采用落地窗，厚墙体，保温性能好，耗薪柴量尚可。西藏高寒缺氧，燃烧不充分，加之取暖期较长，炊事、取暖用能消耗的畜粪、薪柴数量多，年消费量约 205.8 万吨，人均约 1100 kg。农户家庭能源中供暖占比消费极高；20 世纪 50 年代以前农村主要使用农民自产的酥油和菜籽油照明，林区还用松明燃烧照明。从能源消费结构来看，国家电网电力占 0.41%，煤炭占 6.24%，牛粪占 92.36%，户用太阳能光伏系统电力占 0.99%。此外，农村使用的旧灶不但热效率低，卫生条件也差，烧火的时候房子里烟尘弥漫，屋顶和墙壁被熏黑，影响人体健康。牛粪饼作为西藏牧区典型的固体燃料，灰分高、热值低，燃烧过程中产生的浓烟和粉尘颗粒物会导致室内污染的增加。实验表明，牛粪饼作为燃料燃烧时，室内 PM10 日均浓度均超过我国室内空气质量标准的 1.1~28.8 倍。室内颗粒物质量浓度高峰出现在 0.65~1.1 μm 粒径段和大于 9.0 μm 粒径段。对牧区群众的呼吸系统和心血管系统健康造成极大的不良影响。燃烧不充分释放出的二氧化碳和一氧化碳等有害气体会导致温室效应的加剧。另外，直接燃烧薪柴的用能方式导致了长期的大规模树木砍伐，对当地林业资源和局部生态环境造成了持续的压力。

综上所述，传统用能方式不仅可靠性差，还存在能效低、火灾隐患以及破坏当地脆弱生态环境等弊端。随着化石能源资源供应的日益紧张以及对气候变化等全球性环境问题关注的不断升温，人们将目光投向了可再生能源。

1.1.2 可再生能源

可再生能源主要包括风能、太阳能、水能、生物能、氢能、海洋能、地热能等。全球陆地风能、太阳能、水能资源分别超过 1 万亿千瓦、100 万亿千瓦、100 亿千瓦，仅开发其中万分之五就可满足全球能源需求；中国仅开发千分之一就能满足能源需求。

1.1.2.1 风能

风能是一种分布广、可再生、资源丰富的清洁能源。中国风能资源总的技术可开发量为 7 亿~12 亿千瓦，其中陆地实际可开发量可达 6 亿~10 亿千瓦，主要分布在"三北"（东北、华北、西北）地区、东南沿海及附近岛屿。按照 2016年中国全社会用电量 59198 亿千瓦时计算，如果风能全部开发，每年只需发电2000 h 即可满足全国三分之一的用电量。如此丰富的风能资源成为了取之不尽的"聚宝盆"。

风能是完全的绿色能源，其利用过程对环境无污染、清洁、环保，因而风力发电被称为"蓝天白煤"。基本上做到了清洁低碳，有害物质"零排放"。零排放是指无限地减少污染物和能源排放直至为零的活动，即利用清洁生产，3R（Reduce、Reuse、Recycle，减少原料、重新利用、物品回收）及生态产业等技术，实现对自然环境的完全循环利用，从而不给大气、水体和土壤遗留任何废弃物。1 台 1 MW 的风力发电机转动 1 h，可产生 1 MW·h 的电量，可以减少 0.8~0.9 t 温室气体，1 年可以减排二氧化碳 2000 t、二氧化硫 10 t、氮氧化物 6 t，对环境的贡献相当于种植约 2.6 km² 的树林。

"海油观澜号"是我国首座水深超百米，离岸距离超百千米的"双百"深远海浮式风电项目，也是全球首座"双百"半潜式深远海浮式风电平台。"海油观澜号"服役于距海南省文昌市 136 km 的海域，装机容量7.25 MW，由 9 根锚链系泊固定在水深 120 m 的海域。其产生的绿色电力，通过 1 条 5 km 动态海缆接入海上油田群电网。投产后，年均发电量将达 2200 万千瓦时，全部用于油田群生产用电，每年可节约燃料近 1000 万立方米天然气，减少二氧化碳排放 2.2 万吨。

Hywind Scotland 漂浮式海上风电商业化项目，于 2015 年由挪威 Equinor 公司与阿联酋 Masdar 公司联合发起；2017 年，基于第二代 Hywind 漂浮式技术在英国苏格兰的北海区域建立。该项目装机容量为 30 MW，采用 5 台西门子的 6 MW 机组，相对于 Hywind demo 的单立柱式结构进行了主尺度优化，水下浮体直径增加至 14.4 m，吃水深度减小至 78 m，每套系统排水量为 11200 t。

在一些偏远地区或者山区地带，分散式风力发电系统也得到了广泛的应用。这些系统通常由小型风力发电机组成，主要用于为山区村落的农田灌溉、小型农村工业设施、学校、医疗机构、住宅或者高原牧场提供电力。乡村分散式风电项目的小型风力发电机，相对于大型商业风电场来说，规模较小，通常具有较低的初投资和维护成本，因为它们相对简单，不需要大规模的设备和基础设施。这些项目分散地分布在偏远地区，通常不集中在一个地点，这有助于扩大电力覆盖范围。

分散式风电不仅是实现我国能源革命的重要路径，也是实现我国乡村振兴战略的重要抓手。目前，分散式风电发展已进入从补充性能源向替代性能源转变的战略机遇期，前景广阔。我国分散式风电在风电累计总装机中的占比不足 4%，开发规模和速度仍有较大提升空间，需要通过技术创新推动分散式风电稳步向前发展。

1.1.2.2　太阳能

太阳能来自太阳辐射，是资源量最大、分布最为广泛的清洁能源。太阳一年辐射到地球表面的能量约 116 万亿吨标准煤，超过全球化石能源资源储量。太阳能发电发展潜力巨大，将成为未来世界的最主要能源。随着技术进步，光伏发电和光热发电成本快速下降，太阳能已成为增长最快的清洁能源。大规模集中式光伏电站、分布式屋顶光伏、光伏生态农业项目、"渔光互补"等不断进入人们的视野。特别是太阳能发电具有安全、无噪声、无排放、无污染、无能源消耗等独特的环保优势，对保护偏远地区人们生存居住环境，甚至是地球生态环境意义重大。

以坐落于河北省张家口市张北县的国家风光储输示范工程为例，按照集中式光伏电站平均年等效利用小时数约为 1500 h 计算，一块 2 m^2 的光伏组件发电功率为 300 W，则其年发电量约为 450 kW·h，相当于节约标准煤 180 kg，减排碳粉尘 122.4 kg、二氧化碳 448.65 kg、二氧化硫 13.5 kg、氮氧化物 6.75 kg。

董家庄村新型太阳能跨季节土壤蓄热供暖项目是为彻底解决北方广大农村地区清洁供暖问题，由山西省太阳能协会联合多所科研院校及多家公司共同研发并落地的新型清洁供暖示范项目。相比传统供暖，董家庄村示范项目以纯太阳能为热源，实现了供热采暖全天候、无间隙，解决了现有太阳能短期蓄热系统保证率偏低和长期蓄热系统热效率偏低的实际问题，无须电网增容改造、政府补贴，具有清洁无污染、运维简单、安全可靠、运行成本低、采暖效果好等优点，特别适用于北方土层较厚、地下水位较低、村落居民居住相对集中的村镇，是一项真正意义上的利民惠民普惠工程。

光伏发电和太阳能供暖利用的是直射光、散射光，安装区域选择较大，几乎不受资源分布地域的限制，到处都可以找适合落脚的空间。从西北的荒漠到北方的草原，从西南的荒山野岭到东部的偏远海岛，从河流鱼塘、煤矿塌陷地、农业大棚到家庭屋顶等，只要是阳光充足的地方，都可以为光伏发电设备和太阳能采暖系统安营扎寨。

1.1.2.3　水能

水能是指水体的动能、势能和压力能等能量资源。全球水能资源的蕴藏丰富，其中亚洲占比最大。我国国土辽阔，河流众多，大部分位于温带和亚热带季风气候区，降水量和河流径流量丰沛；地形西部多高山，并有世界上最高的青藏高原，许多河流发源于此；东部则为江河的冲积平原；在高原与平原之间又分布着若干次一级的高原区、盆地区和丘陵区。地势的巨大高差，使大江大河形成极大的落差，如径流丰沛的长江、黄河等落差均有 4000 多米。

我国水能资源居世界第一，主要分布在西南地区和长江、雅鲁藏布江等流域。从地域分布看，四川、西藏、云南、贵州、重庆等西南省（市、地区）占比在 70% 左右；从流域分布看，长江、雅鲁藏布江及西南诸河占比 80% 左右。

小水电技术是指利用水资源产生电能的一种技术。与大型水电站相比，小水电技术通常指规模较小、功率较低的水电站。小型水电站通常利用天然水流或人工引导水流，通过引力将水流转化为机械能，再通过发电设备将机械能转化为电能。这种技术具有以下几个优势。

首先，小水电技术具有简单、可靠的优点。相比于大型水电站，小型水电站的建设和运维成本更低。小型水电站的建设周期短，不需要庞大的水坝等设施。

同时，小型水电站机械设备结构相对简单，其中许多部件可以在当地制造，降低了设备采购成本。

其次，小水电技术对环境的影响较小。小型水电站相比于大型水电站，产生的水库蓄水量较小。这意味着对生态环境的影响较小，减少了对自然水流的干扰。此外，小型水电站通常利用河流或人工引导水流，避免了对自然水流改变的需求，减少了对环境的破坏。

另外，小水电技术在可持续发展中扮演着重要的角色。在可持续发展的要求下，低碳能源的开发和利用是确保全球可持续发展的关键。小水电技术作为清洁能源之一，其发电过程不会产生温室气体和污染物，可以有效减少对大气和环境的负荷。同时，小水电技术也可以推动当地经济的发展，提供就业机会，并增加当地居民的收入。

此外，小型水电站还能为偏远地区提供可靠的电力供应。在发展中国家和一些偏远地区，电力供应不稳定是一个普遍存在的问题。小型水电站通常位于山区或偏远地区的河流附近，能够为这些地区提供稳定可靠的电力供应，改善人们的生活条件。

然而，小水电技术也面临着一些挑战。首先，小型水电站的建设需要占用一定的土地资源和水资源。在资源稀缺的地区，这可能会引发资源争夺和环境破坏的问题。其次，小型水电站的建设和运维需要一定的资金投入和技术支持。

婺城区地处浙江省中西部、金衢盆地腹部，水力资源丰富，目前建成水电站40座，总装机 3.8 万千瓦。该区有 100 多个经济薄弱村，2000 多户低收入农户，直接影响实现全面小康社会的目标。小型水电站具有运行生命周期长、年度收益稳定等优点，具有很好的"造血"功能，能够为婺城区"消薄"和低收入农户增收提供强有力的支撑。然而，这里的大部分小型水电站规模小、投产时间早、自动化水平低、运行人员成本高，小水电行业可持续发展的瓶颈凸显。为解决以上矛盾，需利用科技优势，开展水电站集约化、信息化管理，通过提高自动化水平和减少人员配备来消除安全隐患，提高管理能力，促进水电站现代化提升。鉴于以上背景，婺城区委区政府提出了创建全国绿色小水电示范区的工作目标，计划通过三年时间（2021—2023 年），完成全域水电站开展示范区创建工作，解决小水电行业存在的生态和安全问题，助力经济薄弱村消薄和低收入农户增收，推动水电站绿色改造和现代化提升。

综上所述，小水电技术具有简单可靠以及对环境的影响较小等优势。然而，小水电技术也面临着一些挑战。为了推动小水电技术的可持续发展，需要政府和国家的支持。通过加大研发投入、建立政策法规和提高居民的技术能力，可以促进小水电技术的广泛应用。

1.1.2.4　生物质能

生物质能源既不同于常规的矿物能源，又有别于其他新能源，兼有两者的特点和优势，是人类最主要的可再生能源之一。生物质是指通过光合作用而形成的各种有机体，包括所有的动植物和微生物。而所谓生物质能就是太阳能以化学能形式储存在生物质中的能量形式，即以生物质为载体的能量。它直接或间接来源于绿色植物的光合作用，可转化为常规的固态、液态和气态燃料，取之不尽、用之不竭，是一种可再生能源，同时也是唯——种可再生的碳源。生物质能的原始能量来源于太阳，所以从广义上讲，生物质能是太阳能的一种表现形式。

很多国家都在积极研究和开发利用生物质能。生物质能蕴藏在植物、动物和微生物等可以生长的有机物中。有机物中除矿物燃料以外的所有来源于动植物的能源物质均属于生物质能，通常包括木材、森林废弃物、农业废弃物、水生植物、油料植物、城市和工业有机废弃物、动物粪便等。地球上的生物质能资源较为丰富，而且是一种无害的能源。地球每年经光合作用产生的物质有 1730 亿吨，其中蕴含的能量相当于全世界能源消耗总量的 10~20 倍，利用率不到 3%。

多样性是生物质能资源最独特的特性之一。依据来源的不同，可以将适合于能源利用的生物质分为林业资源、农业资源、生活污水和工业有机废水、城市固体废物和畜禽粪便五大类。大部分的生物质废料潜能起源于自上而下方式产生的经济活动。例如，可生物降解的居住区废料包括纸/卡、厨余垃圾、纺织物/木材残留物、废植物油、塑料/玻璃/金属废弃物、污水污泥废气等；能源作物包括短轮伐期林业、草本作物、青贮饲料、油料作物、树枝材积、干净及污染的废木材、锯末树皮等；农工业残留物包括修剪残留的稻草、可发酵湿废弃物/木制纤维素的副产品等；畜牧业残留物包括牛、羊、猪、家禽粪便等。生物质能属于可再生资源，由于通过植物的光合作用可以再生，可保证能源的永续利用。生物质的硫含量、氮含量低、燃烧过程中生成的 SO_x、NO_x 较少，可有效地减轻温室效应。其分布广泛，缺乏煤炭的地域，可充分利用生物质能。作为仅次于煤炭、石油和天然气的世界第四大能源，随着农林业的发展，特别是炭薪林的推广，生物质资源还将越来越多。生物质能源能够以沼气、压缩成型固体燃料、气化生产燃气、气化发电、生产燃料酒精、热裂解生产生物柴油等形式存在，被应用在国民经济的各个领域。同时，它的局限性体现在：由于其分散性，生物质能适合于小规模分散利用；植物的光合作用仅能将少量的太阳能转化为有机物，能量密度较低；依据现有技术和相关支持政策，生物质能的大规模利用和高效利用尚有一定的困难，经济效益仍有提升空间。

"十四五"时期，农村地区是清洁取暖工作的重点，同时，我国生态环境保护将进入减污降碳协同治理的新阶段，生物质清洁供暖迎来了重大发展机遇。如何发展生物质清洁供暖，在农村清洁供暖中发挥更积极的作用，助力农业农村碳达峰碳中和目标的实现，已经成为各方关注的重要议题。小罗村乡村生物质清洁能源集中供热项目，于 2019 年在呼兰区双井街道小罗村建成投运。该项目由黑龙江鼎旭民安新能源科技有限公司投资运营。该项目采用北京巴布科克·威尔科克斯有限公司卧式流化床生物质锅炉燃烧技术，安装 1 台 7 MW 卧式流化床生物质直燃锅炉和直径 110~315 mm 主管道约 7 km、直径 32~93 mm 支线及入户管道约 16.2 km。项目总投资约 2300 万元，供热能力 10 万平方米，年消耗秸秆约 8000 t，供热出水温度 80 ℃左右，回水温度 60 ℃左右，村民室内供热温度 20 ℃以上。在国际先进生物质燃烧技术基础上，根据多年设计运行经验，不断改进提高，形成了分布式生物质直燃专利技术。锅炉装备设计方案成熟，运行与操作简单可靠，采用层燃+流化的联合燃烧方式，秸秆燃烧充分，利用效率高，环保性好。

沼气生态家园是指沼气生态农业技术，是多种措施综合利用结果。它是根据生态学原理，以沼气为纽带，将畜牧业、种植业等科学、合理地结合在一起，通过优化整体农业资源，使农业生态系统内做到能量多级利用，物质良性循环，达到高产、优质、高效、低耗的目的，是一项可持续能源利用技术。乌干达位于东非高原，年平均气温 22°C 左右。农牧业在乌干达国民经济中占主导地位，农村普遍饲养家畜。畜禽粪污与有机垃圾滋生蚊蝇，导致环境污染，引发流行疾病。同时农村能源匮乏，农民大都食用生冷饮食，生活不便。乌干达政府一直在寻找调整农村能源结构、治理环境卫生、强化畜禽粪污资源化利用的新路子。2018 年 12 月，湖南金灿农业科技公司与乌干达能源信托基金公司在乌干达建设玻璃钢沼气池生产基地。农牧业产生的大量秸秆、果皮与畜禽粪污，都是沼气制取的自然原料。玻璃钢沼气池主要利用池内沼气压力和水压变化作为动力源及动态连续发酵工艺，实现池内自动循环、自动搅拌、自动排渣。该项目解决了畜禽养殖户粪污的治理问题、农村清洁能源提供、沼气用户原料稳定供应、沼气用具及时维护问题、生活有机垃圾处理问题以及农作物有机肥料就近消化处理问题。玻璃钢沼气池正常使用年限可达 30 年以上，一个沼气池每年产沼气 1000 m³，可满足一家 5~10 人生活用气需求。此外，沼渣可作为有机农用肥使用，每池每年可帮助农民节省化肥 3 t、农药 1.2 kg。农民不仅可增产增收，还能吃到可口的有机蔬菜。加上每天的生活燃料、沼气能源照明费用，每池每年可折合增效 480~750 美元。按拟建 20 万户计算，每年可增效近 1.6 亿美元。项目有效缓解了乌干达农村地区能源紧缺状况，改善了当地人民能源使用条件。

1.1.2.5 地热能

地热能是从地壳抽取的天然热能，这种能量来自地球内部的熔岩，并以热力形式存在，是引致火山爆发及地震的能量。地球内部的温度高达 7000 ℃，而在 80~100 km 的深度处，温度会降至 650~1200 ℃。透过地下水的流动和熔岩涌至离地面 1~5 km 的地壳，热力得以转送至较接近地面的地方。高温的熔岩将附近的地下水加热，这些加热了的水最终会渗出地面。运用地热能最简单和最合乎成本效益的方法，就是直接取用这些热源，并抽取其能量。

地热能在世界很多地区的应用相当广泛。据估计，每年从地球内部传到地面的热能相当于 100 PW·h。据 2010 年世界地热大会统计，全世界共有 78 个国家正在开发利用地热技术，27 个国家利用地热发电，总装机容量为 10715 MW，年发电量为 67246 GW·h，平均利用系数为 72%。目前，世界上最大的地热电站是美国的盖瑟尔斯地热电站，其第一台地热发电机组（11 MW）于 1960 年启动，以后的 10 年中，2 号（13 MW）、3 号（27 MW）和 4 号（27 MW）机组相继投入运行。20 世纪 70 年代共投产 9 台机组，80 年代以后又相继投产一大批机组，其中除 13 号机组容量为 135 MW，其余多为 110 MW 机组。我国的地热资源也很丰富，但开发利用程度很低，主要分布在云南、西藏、河北等地区。

地热发电是地热利用的最重要方式，高温地热流体应首先应用于发电。地热发电和火力发电的原理是一样的，都是利用蒸汽的热能在汽轮机中转变为机械能，然后带动发电机发电。不同的是，地热发电不像火力发电那样需要装备庞大的锅炉，也不需要消耗燃料，它所用的能源就是地热能。地热发电的过程，就是把地下热能首先转变为机械能，然后把机械能转变为电能的过程。要利用地下热能，首先需要有"载热体"把地下的热能带到地面上来。能够被地热电站利用的载热体，主要是地下的天然蒸汽和热水。按照载热体类型、温度、压力和其他特性的不同，可把地热发电的方式划分为蒸汽型地热发电和热水型地热发电两大类。

水源热泵空调是可以利用地球表面浅层水源（如地下水、河流和湖泊）和人工再生水源（工业废水、中水、地热尾水等）为低温热源，由水源热泵机组、地热能交换系统、建筑物内系统组成的供热空调系统。其工作原理是：冬季，热泵机组从水源（浅层水体或工业废水）中吸收热量，向建筑物供暖；夏季，热泵机组从室内吸收热量并转移释放到水源中，实现建筑物空调制冷。根据水热交换系统形式的不同，水源热泵系统分为地下水地源热泵系统和地表水地源热泵系统和地埋管地源热泵系统。其利用热泵原理，只需要通过少量的电能输入，就可将不能直接利用的低位热能转为可以利用的高位热能，从而达到节约部分高位能的目的。水源热泵的制热/制冷性能系数一般在 4 以上。2022 年，5 台 4300 kW 污水源热泵机组抵达陕西省宝鸡市岐山县蔡家坡，并于 11 月中旬正式开机供热。

地热能具有分布广泛、蕴藏量丰富，单位成本比开采化石燃料或核能低等优点；但也存在分布较为分散、利用难度大，利用地热能流出的热水含有很高的矿物质等不足。通过明确水源热泵机组的工作原理，理解其工作条件及工作特点，明确其在各项领域中的使用现状，可以有效地发展我国的水源热泵技术。

1.2　综合能源系统

在偏远地区，若单纯依赖传统能源供能，如直接燃烧薪柴、畜粪供热，以及电网、柴油发电机、燃气轮机供电，存在安全可靠性差、运行维护成本高昂和能源紧缺、环境污染问题加剧等弊端。与传统能源相比，风能、太阳能和小水电等可再生能源具有安全无污染、分布广、有利于小规模分散利用等特点。随着可再生能源的开发和利用，分布式综合能源系统（Distributed Integrated Energy System，DIES）引起了广泛关注。DIES 是指利用各种可用的分散存在的能源，以可再生能源（风能、太阳能、生物质能、地热能、小型水能等）为主，以就地可方便获取的化石类燃料为辅进行供能的技术。分布式能源位置灵活、分散，极大地满足了用能需求和资源分布的特点，与电网互为备用可以起到改善其供电可靠性和供能质量等作用。

DIES 由多种分布式能源、储能系统、能量转换装置、负荷及监控、保护装置汇集而成，是一个能够实现自我控制、保护和管理的独立自治小型供能系统，既可以与电网并网运行，也可以孤岛运行。作为典型的联供联需系统，其在源侧，具有多种能源输入形式；在荷载侧，也输出多种能源产品，满足人们生活生产的多种能源需求。DIES 具有能源利用效率高、运行能耗低、独立性强、供能可靠性高、可持续和环境友好等特点。因此，它被认为是解决岛屿、山区和农村等偏远地区建筑用能问题的最佳方法。

1.2.1　国内外发展概况

DIES 具有巨大发展潜力，一经提出便受到了国内外广泛的重视。各国对其的研究力度逐步增大，发展迅速。在理论研究的基础上，积极投入分布式能源系统实验平台及示范工程的建设中，以在未来的能源行业竞争中占据主动地位。

美国政府加强了对分布式能源系统相关技术的支持，资助相关科研机构和实验室、高等院校、能源企业等开展一系列专项研究，逐渐加快 DIES 示范工程的建设步伐。美国能源部将 DIES 视为未来智能能源网络的重要组成技术，并列入美国"Grid2030"计划。美国电气可靠性技术解决方案协会（Consortium for Electric Reliability Technology Solution，CERTS）的研究领域涵盖分布式能源的资源整合技术，是美国微电网技术的主要研究机构，包括电力集团、劳伦斯伯克利国家实验室、橡树岭国家实验室、西北太平洋国家实验室、电力系统工程研究中心和圣地亚哥国家实验室。CERTS 各成员机构在经济分析、控制技术、储能技术和保护技术等研究领域各有侧重，并较早建立了 CERTS 实验室相关平台及示范工程，实现技术和经济运行的理论验证和工程应用。美国国家可再生能源实室（National Renewable Energy Laboratory，NREL）在分布式发电和能源系统理论研究、市场相关、系统集成和测试验证等方面开展了积极的探索，并开发了相应的模型和工具，以辅助用户分析、评估和优化可再生能源发电系统，涵盖建筑能源系统、燃料和车辆、可再生能源技术分析及项目开发和融资等几个方面。NREL 建立了包含光伏、风机、微型燃气轮机、蓄电池储能等在内的能源系统实验室，并积极参与了相关示范工程的建设，提供项目援助、设计方案、财政分析、战略规划、培训和研讨会等方面的支持。伊利诺伊理工大学、北卡罗来纳州立大学等其他高校和科研机构也在能源系统研究和建设方面作出了贡献。此外，美国企业和机构（如通用电气、IBM、甲骨文等）大都参与了能源系统的技术研究和产品开发工作，涉及能源控制系统、能量管理系统等方面，加速和推动了能源系统技术的产业化及其应用推广。

2006 年，欧盟发布了《欧洲智能电网技术平台：欧洲未来电网的远景和策略》，阐述了智能电网的概念，提出建立以集中式电站和 DIES 为主导的智能能源网络形式。在欧盟第五、第六和第七框架下资助了一系列分布式能源研究计划。2009 年，欧盟制定了分布式能源技术发展路线图，规划了未来 20 年分布式能源系统在技术研究、实物装置、市场及对基础设施的影响四个方面的发展。由希腊雅典国立科技大学牵头组织，众多高校和企业（西门子、ABB 等）参与，相继在希腊、德国、西班牙等国家建设了一批 DIES 实验平台和示范工程。

日本成立了新能源与工业技术发展组织（NEDO），统一协调其国内高等院校、科研机构及相关企业对可再生能源和分布式系统的理论与应用研究，建设了一批分布式能源系统示范工程。日本企业机构如东芝、日立、三菱重工等在 DIES 设计、系统构建、能量管理与控制系统及储能系统等领域开展了一定工作，为相关工程的实施提供了技术支撑。

2013 年 7 月，国家发展和改革委员会（简称"国家发改委"）印发了《分布式发电管理暂行办法》的通知，以促进节能减排和可再生能源发展，有助于推动和实施分布式能源系统计划。2013 年 9 月起，我国正式启动创建 100 座"新能源示范城市"。2014 年 1 月，国家能源局公布了第一批新能源示范城市（产业园区）的名单，总计 81 个城市和 8 个产业园区。新能源示范城市的建设，必然离不开 DIES 的参与。2014 年 9 月，国家能源局下发《国家能源局关于进一步落实分布式光伏发电有关政策的通知》，以推动分布式光伏发电项目的试点寻找和建设。近年来，国内高校、相关科研机构及企业对分布式能源系统也展开了积极研究，并取得了一系列的成果。

1.2.2　储能技术

在能源的开发利用过程中，人们发现太阳能、风能、潮汐能等清洁能源虽然不产生污染，但它们随着时间、季节变化着，难以持续、稳定地输出。于是人们开始研究把能源储存起来的技术——储能技术。

1.2.2.1 热储能技术

太阳是一个巨大的火球，它源源不断地向地球辐射热量，将这种能量储存起来的技术就是热储能技术，热能通过热储能系统被储存在蓄热材料中，待需要时释放出来加以利用，也可以转化为电能使用。太阳能热水器是一类典型的热储能系统。它通过集热管、储水箱及支架等相关零配件组成的系统，将太阳能转换成热能。利用热水上浮冷水下沉的原理，使水产生微循环。热储能技术和电储能技术的区别在于它不直接储存电和放电。然而，有时候热储能在功能上可以等效为电储能。这种形式的热储能主要有两种：一种是将太阳能转换为热能，最终转换成电能，即太阳能热发电；另一种是建筑蓄热/冷。

1.2.2.2 电储能技术

电储能技术指的是利用大容量且能实现快速充放电的蓄电池或储能设施，将大量电力储存起来，在需要的时候释放出来使用。电储能技术主要包括物理储能、电化学储能、磁储能。物理储能有抽水蓄能、压缩空气储能、飞轮储能等；电化学储能有铅酸电池、锂离子电池、钠-硫电池、液流电池等；电磁储能有超级电容器、超导储能等。电储能技术多种多样。不同类型的储能方式规模不同，目的也各不相同：有的用于平抑负荷的峰谷差，提高发电效率和设备利用率；有的用于提供紧急时或停电时所需的电力；有的用于调整频率和电压等。和化学储能相比，物理储能更加绿色、环保，它利用天然的资源来储存能。在综合能源系统中增加电存储环节，使电力实时平衡的"刚性"系统变得更加"柔性"，让能源网络更加安全、经济、灵活。

1.2.2.3 氢储能技术

氢能是一种来源丰富、绿色低碳、应用广泛的二次能源，正逐步成为全球能源转型发展的重要载体之一。以下是氢能存储的主要方式。

高压气态储氢：是指在高压条件下压缩氢气，将压缩后的高密度氢气存储于耐高压储氢罐中的存储技术，这是目前应用最广泛的技术，特别是在加氢站中。中国的该项技术相对成熟，接近全球领先水平，但存在安全隐患和体积容量比低的问题。

低温液态储氢：主要应用于航天工程，民用市场尚未成熟。这项技术在氢密度方面具有优势，但成本高，对储氢容器的绝热要求严格。

有机液态储氢：这是一种较新的技术，可以在常温常压下以液态形式储存和运输氢气，具有高安全性和效率，但面临脱氢技术复杂、能耗大等挑战。

固态储氢：包括金属氢化物储氢和其他物理吸附型储氢材料，具有储氢体积密度大、操作容易、运输方便等优点，但目前质量效率较低，是科研领域的前沿方向之一。

　　在国际上，很多国家都在大力投资和发展氢能技术，特别是在燃料电池、氢能存储和运输方面。例如，美国设立了专门的"氢能与燃料电池日"并对氢能产业提供税收优惠，日本明确了到 2050 年建成氢能社会的目标，欧盟也规划了到 2050 年氢燃料电池汽车在家用车辆中的比重。

　　在中国，虽然高压气态储氢技术成熟，但整体上氢能储运技术落后于国际先进水平。未来，中国氢能储运方式将由气态向固态、液态转变，氢能储运能力将逐步提升，相关装备和材料发展潜力巨大。

1.2.3　典型应用场景和工程

1.2.3.1　离网型综合能源系统

　　近年来，凭借在解决偏远地区供电问题上发挥的重要作用，离网型综合能源系统在我国得到了优先发展和应用。我国地大物博，目前仍有较多海岛和偏远地区尚未与大电网联网，此场景适用于离网型能源系统，可形成小型独立发电供能系统。在风、光、水等自然资源较好的地区，通常有光水储柴、光储柴、风储柴、风光储柴等分布式能源系统类型。

　　离网型光水储柴能源系统通常适用于已有独立小水电且太阳能资源丰富的偏远地区。由于小水电受水资源限制且调节能力有限，充分利用当地丰富的太阳能资源以形成光水储柴微电网，有效增加系统供能能力和可靠性，减少柴油发电机的利用小时数，保护当地的生态资源。目前，我国已在西藏阿里的狮泉河镇和措勤县分别建立了离网型 DIES。阿里地区位于西藏自治区的西北部，是西藏西部的经济文化中心和边境贸易中心。由于阿里地区地理位置偏远，至今没有连接西藏主网，仍是孤立电网运行，电力供应主要来自阿里狮泉河 6.4 MW 水电站、华能集团援助建成的 10 MW 柴油发电站和用户自备柴油机。随着气候的变化，阿里地区降水量不断减少，水电站的发电能力受限严重，当地水力发电已无发展潜力。柴油发电系统由于高原特性发电效率低、成本高且有一定的污染物排放，对阿里地区高原脆弱的生态环境影响较大。考虑到阿里地区太阳能资源位列全国首位，尤其是狮泉河镇日照年时数为 3545.5 h，为西藏最高。2012 年，国电龙源电力在阿里狮泉河镇开始开展 10 MWp 光储一体化项目的建设工作，与现有的 6.4 MW 水电站及 10 MW 柴油发电站组成独立型光水储柴混合能源系统，承担狮泉河镇的供电任务。项目分为两期实施。2012 年底电站一期有 5 MWp 光伏+5 MW·h 储能。2013 年底电站二期有 5 MWp 光伏+5 MW·h 储能全面进入正式生产运行阶段。该项目能够缓解狮泉河镇用电紧缺的矛盾，为该地区经济发展提供电力支撑；措勤县地处西藏阿里东部，是我国海拔最高、条件最艰苦的纯牧业县，平均海拔 4700 m 以上。由于远离主网，但人民群众对供能、用电的需求不断增长，缺能问题日益严重。措勤县太阳能资源极为丰富，年均日照时数3000 h左右，平均日照率76%，是世界上太阳能资源最丰富的地区之一。因此，结合当地已有小水电、柴油发电机，建设光储系统，形成离网型光水储柴能源系统是可行的方案。项目由国家电网援建，2014年11月投入使用，由960 kW水力发电系统、440 kW光伏发电系统、300 kW柴油发电机、300 kW·h锂电池储能系统、2.4 MW·h铅酸电池储能系统和60 kW风力发电系统组成。系统采用先进的全自动调度及智能切负荷装置，实现了给县城24 h不间断供能，有效提高了整个系统的可靠性。

离网型光储柴能源系统适用于太阳资源丰富且尚未与电网联网的区域，可以在有效减少柴油用量的同时提高可再生能源的利用率。目前，我国建设成功且较为典型的光储柴项目在温州北麂岛。北麂岛位于浙江省东南沿海，温州瓯江口东南约40 km海域，面积为8 km²。岛上居民较少，远离大陆，总体用电量不大，远距离架设输电网络不符合经济效益，整个北麂岛常年依靠3台柴油发电机供电，可靠性差。柴油发电成本不断攀升，还伴随着严重的环境污染，而海岛太阳能资源丰富，因此建设光储柴能源系统能够满足北麂岛发展的供电用能需求。该项目于2013年9月竣工验收，是国内首座"金太阳"海岛独立型示范DIES，包括1.274 MW光伏发电系统、6.6 MW·h储能系统、1.0 MW柴油发电系统、运行控制系统、能量管理系统、能源网络保护及安稳系统等多个子系统。其中光伏发电系统由太阳能电池板和5台250 kW光伏逆变器组成，柴油发电机组由2台250 kW和1台500 kW的柴油发电机组成，储能系统由0.5 MW/0.8 MW·h磷酸铁锂电池和1 MW/5.8 MW·h铅酸电池组成。本项目在充分利用当地太阳能资源的同时，有利于保护环境和促进海岛的经济发展，符合国家大力开发新能源、使能源结构多样化的政策，具有良好的经济和社会效益。

离网型风储柴能源系统适用于风力资源较好且尚未联网的供能系统。通常情况下以风力发电为主，柴油发电为辅，并配置适量的储能系统以增加系统稳定性和提高风电的利用效率。目前，在江苏省盐城市大丰区建设了国内首个日产万吨级的风储柴离网型分布式能源淡化海水示范工程。系统包括1台2.5 MW永磁直驱风力发电机、由3组625 kW·h铅碳蓄电池组成的储能系统、1台1250 kW的柴油发电机组及3套海水淡化装置。该类项目适用于孤岛等缺水、缺电地区，可有效解决海岛、沙漠等偏远地区的能源和淡水供应问题，尤其在全球能源及淡水资源双紧缺的情况下，这种技术集成具有十分重要的战略意义。

离网型风光储柴能源系统是目前国内外研究最广泛也是示范工程较多的类型，它适用于尚未联网的海岛或者偏远山区，充分利用当地丰富的风光资源并形成互补，有效提高可再生能源的利用效率并减少柴油用量以改善环境，有较大的经济效益和社会效益。浙江省的海岛数量居全国之首，全省拥有3061个岛屿，约占中国海岛总数的 40%，海岛旅游产品正由观光型向观光度假型提升。近年来，浙江省及其沿海市县各级政府对海洋经济开发、海岛资源利用和海岛居民生活条件的提高日益重视。东福山岛位于浙江舟山普陀区东部，是中国海疆最东的住人岛屿，东临公海，西南距普陀区沈家门镇 45 km，面积为 2.95 km^2。岛上主峰庵基岗海拔 324.3 m，是舟山群岛东部中街山列岛中最高的岛屿。全岛仅设东福山 1 个村，常住居民约 300 人，以海洋捕鱼和外出务工为主。东福山还驻扎有海军，是祖国海防的东海第一哨，岛上有盘山公路，设有轮渡码头。东福山岛有浓厚、古朴的渔家特色，阳光、碧海、岛礁、海味、海钓、石屋。气候宜人，水质清澈，在每年 4~10 月吸引了不少旅游者。东福山岛居民长期由驻军的柴油发电机提供少量照明用电，由电力公司架设电网。但是驻军的柴油发电费用昂贵，居民用电困难。用水主要依靠现有的水库收集雨水净化及从舟山本岛运水。考虑到岛上用水用电的现实情况，加之岛上有较好的风能和太阳能等可再生能源，2010 年由国电电力浙江舟山海上风电开发有限公司出资，建设了东福山岛风光储柴海水淡化独立供电系统，于 2011 年 5 月成功发电。210 kW 风电+100 kW 光伏+200 kW 柴油发电机+960 kW·h 蓄电池的配置方案，具有更小的投资和发电成本及与历史预测相近的可再生能源渗透率水平，是最佳方案。该项目有效提高了海岛居民的生活品质；东澳岛地处广东珠海万山群岛中南部，距珠海 30 km，面积为 4.62 km^2，是珠海市海上旅游的经典岛屿。东澳岛常住人口 400 余人，每年旅游人数增长 30%，供能需求与日俱增。东澳岛原有柴油发电装机容量为 1220 kW，2009 年柴油发电量约为 100 万千瓦时，不仅成本高、发电效率低，同时排放大量 CO_2、SO_2 和粉尘。能源供应困难已成为困扰东澳岛经济发展和生态保护的瓶颈。2011 年，东澳岛上建成了我国首个海岛兆瓦级风光储柴微智能离网型风光柴储能源系统，包括 1006.7 kW 光伏发电系统、45 kW 风力发电系统、2000 kW·h 铅酸蓄电池储能系统，与海岛原有 1220 kW 柴油发电机组和能源网络输配系统集成为一个智能 DIES；内蒙古额尔古纳市太平林场位于电网主网架难以延伸到的深远山区，林场生产和居民生活用能只能依靠 3 台 10 kW 的柴油发电机组分时供给，每天供电 2 h。该地区有丰富的风光资源，建设风光储柴能源系统能够有效解决林场的持续稳定供能问题，且可以节省柴油用量。2012 年 8 月，国网公司在此成功建设投运离网型风光柴储项目，总设计容量风能 20 kW、太阳能 100 kW、储能配置 100 kW·h 锂离子电池，并备用一台 80 kW 柴油发电机。该项目不仅使太平林场地区及居民开始了"敞开用电"的生活，也为当地旅游产业发展奠定了能源基础。

1.2.3.2　并网型综合能源系统

并网型能源系统的发展与分布式光伏等可再生能源的开发利用密不可分。在一些海岛、郊区等较为偏远地区，虽然与大电网互联，但因为处于电网末端的薄弱环节，供能可靠性较差。于是，充分利用当地风、光、海洋流能等资源组成能源系统，能够有效提高供能可靠性和电能质量。典型的并网综合能源系统包括光储能源系统、光储柴能源系统、风光储柴能源系统、风光储能源系统、风光海流能储能源系统等。

以吐鲁番新城新能源示范区为例，介绍光储并网能源系统应用场景。吐鲁番位于新疆维吾尔自治区，是天山东部的一个山间盆地，太阳能资源丰富，年日照逾 3000 h，年日照率 69%。吐鲁番新城新能源示范区位于吐鲁番市城区东侧 3 km，规划核心区面积为 8.8 km²，规划常住人口 6 万人。该光储能源系统工程主要包括 13.4 MW 分布式屋顶光伏、1 MW·h 储能系资、10 kV 开闭所、能源中控楼、380 V 配电网、电动公交车充电站、能源网络监控调度中心及辅助工程等。36 台 10 kV 箱变分散布置在示范区内形成环网，通过 380 V 向各建筑物供电。电动公交车充电站接入 10 kV 电压等级电网，分布于示范区的不同位置。项目采用"自发自用、余量上网、电网调剂"的运营机制，即屋顶光伏组件将太阳能转变为直流电，通过逆变器将直流电转化为交流电接入楼内的用户线路，优先满足楼内用户用电。多余部分经变压器升压后接入电网。当光伏发电量不足时，从地区电网受电，向用户供电。储能装置和电动车充电站分别通过单独的变压器接入配电系统，多余部分可暂时在储能装置中保存起来，使可再生能源的电源功率平稳输出。通过本地能源管理系统对发电、负载、储能进行区域调度管理，满足示范区用户对电能质量的要求。同时，在光储能源系统向大电网馈送功率时，保证大电网对电能质量的要求。该项目光伏等新能源发电量占到本区域内用电量的 30% 以上，可满足 7000 多户、2 万多居民的用电需求，每年可以替换2.8 万吨的标准煤。

我国较早开展的光储柴并网型示范项目是杭州电子科技大学 240 kW 综合能源示范系统，对推动我国并网型能源系统技术发展有较大的意义。2008 年 10 月，系统投入运行，2009 年 12 月项目验收。该系统位于浙江杭州电子科技大学下沙校区。系统电源包括 120 kW 柴油发电机组和 120 kW 光伏发电系统，总发电容量 240 kW。储能系统包括 50 kW·h 铅酸蓄电池组和 100 kW×2 s 超级电容。补偿装置由电能质量调节器（PQC）、瞬间电压跌落补偿器（DVC）联合起来实现电能质量控制。还有干扰发生器和实验负载用于实验目的，整个系统在供需控制系统的控制下运行。由于柴油机组、蓄电池、超级电容、PQC、DVC、干扰发生器和实验负载均位于 8 号楼，接入 380 V 低压配电柜。光伏系统及逆变器位于 6 号楼接入 2 号 380 V 低压配电柜，6 号楼和 8 号楼的实际负载也接入这个配电柜。2 号配电柜连接到 0.38 kV/10 kV 变压器，10 kV 侧并网点安装常规线路保护。根据供电公司和杭州电子科技大学的协议，该能源网络通过并网点向电网馈送的有功功率不高于 20 kW，该能源系统运行模式有三种。

（1）并网模式：系统功率不足取自电网，或者剩余功率馈送到电网，送入电网的功率不高于 20 kW。

（2）受控并网模式：设置输入或输出并网点的功率数额，通过能源网络内部电源和储能装置的配合，实现"并网点功率控制"。

（3）计划孤岛模式：与上级电网断开连接，由柴油发电机组作为组网单元，提供电压和频率参考信号。超级电容器和蓄电池均采用恒压/恒频控制策略，当负荷或光伏出力波动时，超级电容器平抑毫秒级波动，蓄电池平抑秒级波动，柴油发电机组平抑更长时间尺度波动。

长岛是我国北方的第一个岛屿风光储柴能源系统示范项目，位于辽东半岛与山东半岛之间的渤海海峡上，被世人誉为"海上仙山"。长岛与大陆、长岛各主要岛屿之间主要由海底电缆连接，且各岛屿具有丰富的风、光资源。该项目以长岛北部五岛（砣矶岛、大钦岛、小钦岛、南隍城岛和北隍城岛）电网为依托，内容包括开发建设能源系统协调控制与调度系统，在砣矶岛建设储能系统，对北部五岛现有柴油发电机组和电网进行改造，建成具有分布式电源、负荷、储能系统及能量转换装置、调控系统的能源网络，以实现北部五岛清洁能源并网控制和电网安全运行。该项目建成后，能够增强长岛县北部五岛电网结构，平抑风电功率波动，提高系统的供电可靠性。根据规划，长岛划分了四个分布式能源系统：南北长山能源系统、大小黑山庙岛能源系统、大竹山能源系统、北部五岛能源系统。砣矶岛率先实施，系统包括风力发电、光伏发电、柴油发电机三种分布式能源及储能系统，运行方式包括并网运行、孤网运行、计划孤岛运行和非计划孤岛运行，协调控制与优化调度策略分为能量优化管理、优化调度和协调控制等。在能量优化管理方面，利用间歇式可再生能源电源、储能设备与主网之间的互补性与协同性，增强电网对间歇式电源的消纳能力，减小电网等效负荷曲线峰谷差，提高分布式资源广泛接入情况下电网运行的可靠性与经济性。在优化调度方面，考虑发电单元的经济特性，采用优化调度算法合理安排发电单元启动顺序、运行时间等，还包含状态估计、潮流计算、短路计算、静态安全分析等功能，进一步优化调度计划，实现微电网系统的经济优化运行。在协调控制方面，包括紧急控制、模式切换、功率平衡、无功优化和电能质量等模块，保障能源系统的安全稳定运行。其中，混合储能/柴油发电系统由混合储能电站和可移动式柴油发电电站构成。混合储能电站主要由超级电容、磷酸铁锂蓄电池、铅酸蓄电池、储能并网逆变器、0.38 kV/35 kV 变压器及相关集装箱柜体等组成。超级电容器组的容量为 200 kW×15 s、磷酸铁锂蓄电池组的容量为 300 kW·h、铅酸蓄电池组的容量为 300 kW·h。柴油发电电站由 1000 kVA 和 200 kVA 两台柴油发电机、0.38 kV/35 kV 变压器及相关集装箱柜体等组成。

鹿西乡位于温州洞头区东北部的鹿西岛上，以岛建乡，乡以岛为名，鹿西岛东西长 6.7 km，南北宽 1.3 km，岸线长 32.75 km。全乡陆地面积为 8.71 km²，东南临海，西隔黄大峡与大门岛相对，北与玉环市隔海相望，地形以丘陵为主。全岛有 9 座小山峰，主峰烟墩岗海拔 233 m（古时建有烽火台）。沿岸曲折多呇，岸壁大多陡直，水际多延伸礁石，共有港湾、呇口 28 个，水位较深。气候属于热带海洋性季风气候，冬春受台湾暖流影响明显，温暖湿润，四季分明，气温年月差较小，冬暖夏凉。鹿西乡人民政府驻鹿西村，管辖 6 个行政村，17 个自然村。截至 2009 年底，全乡总人口为 8117 人，总户数为 2300 多户，是洞头区重点渔业乡之一，全乡现有 80 t 以上作业渔轮 100 多对，鹿西岛将作为洞头主要的渔业捕捞基地和重要的水产品交易基地。此外，鹿西岛自然景点十分丰富，极具旅游开发潜力，旅游资源主要以鸟类岛屿资源及古村落资源见长。海岛有较好的风能、太阳能和海洋能等可再生能源可资利用。鹿西岛的发展定位为海外捕捞基地和海上休闲旅游基地。随着社会和经济的快速增长，鹿西乡的用电量也将快速增长。2010 年全乡最高负荷已达 3.31 MW，预计鹿西乡供电负荷年增长率为 10%，届时仅靠一回 10 kV 线路供电将会严重制约当地经济的发展。岛内渔业和旅游业快速发展，随之而来的是用电量的大幅增长。自 2006 年以来，鹿西岛在用电高峰季节不得不用居民自备柴油发电机组供电，每年的 5~10 月需进行严格有序的用电控制。由于海缆经常被渔船驻锚损坏且夏季供电高峰期拉闸限电，鹿西岛居民的供电可靠性较差。采用增加柴油发电机组解决供电的方式不符合国家节能减排的要求。因此，为了适应鹿西岛快速发展经济的需要，依托鹿西岛目前现有的资源，研究并提出一个有利于鹿西岛发展的能源解决方案是相当必要的。最终，鹿西岛风光储并网型能源系统成为国家 863 课题"含分布式电源的微电网关键技术研发"的示范工程之一，加快了鹿西岛能源网络的建设步伐。鹿西岛风光储项目可再生能源装机容量为 1.86 MW。各系统包括 2.5 MW 储能（3 组 500 kW×2 h 铅酸电池储能、1 组 500 kW×2 h 铅碳电池储能和 1 组 500 kW×15 s 超级电容功率型储能）、2 台 780 kW 异步风力发电机和 1 座太阳能光伏电池峰值总功率为 300 kW 的光伏电站。鹿西岛 500 kVA 储能变流器（PCS）共 5 台，其中 4 台铅酸电池 PCS 为单级式，可以采用恒功率控制（P/Q 控制）或恒压/恒频控制（V/f 控制），1 台功率型变流器为双级式，采用 P/Q 控制。该示范工程不仅是对鹿西岛能源供应的有效补充，而且作为绿色能源，有利于环境保护，促进地区经济的持续发展。

海岛不仅有丰富的风光资源，在一些地方还具有丰富的海流能。目前，我国在浙江舟山摘箬山岛建成了风、光、储、海流能互补的并网型能源系统。浙江舟山摘箬山岛原有一回 10 kV 线路，部分线段为架空线，部分线段为海底电缆，接于 35 kV 盘丝变。海底电缆截面最小处 50 mm²，不能满足摘箬山岛负荷输入和新能源发电送出的要求。摘箬山岛能源系统总装机容量约为 5 MW，集海流能、风

能、光伏能、储能等海岛新能源的混合供能系统，其中水平轴的海流能机组
300 kW，风机 3400 kW，光伏 500 kW，柴油机 200 kW，另配备约 500 kW·h 的
锂电池（最大输出功率 1.0 MW）。摘箬山岛综合能源系统采用集中配电模式，
即建设集中配电室，二回 10 kV 系统电源线引入集中配电室，而后通过 10 kV 分
段母线，分别引出岛内供电线路、新能源上网线路及储能装置联网线路。岛内负
荷供电，分别从集中配电室 10 kV 的 Ⅰ、Ⅱ 段母线引出，一路向北，一路向南，
沿岛建设。线路经过办公和生活区时，采用电缆敷设。摘箬山岛能源系统能实现
三种运行模式，即最大功率输出模式、可调度模式、孤岛运行模式。在可调度模
式下，岛屿电网与主网互联，供电系统作为一个整体，按照电网调度机构指定的
发电曲线（一般是日发电曲线）发电。在孤岛运行模式下，岛屿电网与主网不
互联，独立向岛屿负荷供电。孤岛运行模式下，控制系统采用静态频率调差特
性（也称为频率下垂特性）原理进行有功功率控制。在这种控制方式下，各个
电源通过频率调差特性进行功率分配，电源之间不需要通信，控制结构简单
可靠。

　　总之，分布式综合能源系统，具有运行能耗低、独立性强、可靠性高、可持
续和环境友好等特点。因此，它被认为是解决偏远及较为偏远地区生产生活用能
问题的理想路径。太阳能和风能具有良好的互补特性，故而常被作为偏远或孤立
区域建筑用能的主要能量来源。为了使得可再生能源系统供能调度更加灵活和可
靠，常加入储蓄电池组和柴油发电机作为系统的能源储备和应急备用。可实现梯
级供能、储能的可再生能源综合利用系统，属于 DIES 范畴。DIES 经由能量的梯
级转化和利用，将输出形式多样的能源产品，如冷、热、电、气、水，用于供应
人们的日常用能需求。如此不仅克服了弃风、弃光问题，以充分利用风、光资
源，且更好地为孤立地区提供了可靠的能源供应。

2　DIES 运行调度优化概述

DIES 属于相对孤立的能源系统，无能量供给外援。因此，其运行安全性和供能可靠性至关重要。此外，DIES 是一个复杂的系统，包含多个子系统。各个子系统间相互依存并相互竞争。此外，各种社会经济和环境要素以及多种系统行为的物质和能量输入、输出均含有大量的不确定性。例如，DIES 中价格参数和运行成本、发电量、集热量，实时供能需求等表现出的随机不确定性。上述构成了 DIES 的复杂性。这些过程之间的互动关系以及过程本身都充满了不确定性和复杂性因素，导致了系统运行与管理过程中的风险性。以上所述使 DIES 运行与管理成为一项具有挑战性的工作。

风能与太阳能是 DIES 的主要能量来源。它们受自然气候变化的影响较大，普遍存在不确定性和随机波动性。如何构建可定量描述风-光互补特性的联合概率分布模型，精确完整地刻画相关结构，并考察到不同变量间存在的密切关系，对提高风光互补系统的可再生能源有效利用率至关重要。因此，开展风-光互补特性研究对风、光能源规划与管理具有重要意义。此外，该相关性模型可用于度量 DIES 关键设备/子系统间权-权相关特性，以指导系统运行与调度策略优化。

考虑到分布式能源系统的孤立性、复杂性以及可再生能源资源天然的随机波动特性，实时能量管理系统（Energy Management System，EMS）需要协调控制源、转、网、荷、储的运行，提高 DIES 的运行抗扰动性以及供能安全性。合理的 EMS，是 DIES 可靠、稳定和经济运行的保障。本章以离网型孤岛 DIES 为例，介绍了 EMS 与实时调度方法、实时任务/能量分配方法、相关性度量方法、人工免疫系统、能量管理系统优化目标与控制结构、风险评估模型等关键技术的国内外研究现状，并指出现有研究在实现现场应用时存在的问题，旨在找出新的更加适用于工程应用的能量调度及风险控制方法。

2.1　实时调度方法研究

孤岛 DIES 实时运行优化的本质问题是各个关键设备/子系统（多智能体）在什么样的体系结构下，于动态环境下相互协调，并采取高效的协作和能量调度策略去实现经济、节能、可靠的运行。这往往需要一个具有较强抗扰动性、动态平衡与协作性、快速性的实时 EMS，以提高孤岛 DIES 供能的可靠性、运行的灵活性、高效性以及对动态变化环境的适应性。

2.1.1 基于经典方法的传统 EMS

传统 EMS 经典方法包括固定优先级 FP 策略、功率平滑策略、负荷跟踪策略、最大运行时间策略、软/硬/改进充电策略等。以上运行策略都可归类为基于事前分析和经验的固定逻辑运行策略，属于非柔性策略。各设备按照预先设定好的优先级和次序进行工作，且最终行为决策为 0-1 启停策略，行动集不连续。目前，建成的独立型混合能源系统较多采用固定逻辑运行策略。

FP 优点是简单易行，运算和控制成本小。缺点是设定的逻辑并不随负荷或自然资源的变化而有所改变。最终运行调度解非柔性，未考虑 DIES 各设备实际运行特性。

2.1.2 基于双层协调控制的 EMS

双层协调控制（Double Layer Coordinated Control，DLCC）（运行优化+实时修正）的第一层基于预测数据，采用调度优化方法制订日前运行与调度计划；第二层基于 DIES 实时运行状态，对日前调度计划进行修正。

由于 DIES 本身的供需不确定性及多模态性，相比传统能源系统的优化调度，DIES 的优化运行问题将会变得更为复杂。这将为 DIES 实时 EMS 日前调度优化层（第一层）的求解带来更严峻的考验。DIES 第一层的日前调度优化的目标函数不可微、非凸且有很多局部最优解的情况，需进行全局优化。

数学上来说，这是一个非常复杂的约束优化问题。优化并控制能流的方法有数学规划、元启发式智能算法、混合算法。常规的基于数学规划的能流优化算法难以搜索到全局最优解。智能算法的计算机制灵活、实现方法简便，并具较强的鲁棒性。对于求解 DIES 的实时优化运行问题，研究如何平衡算法的全局搜索速度和局部搜索能力，从而为 DIES 提供更优秀的运行参考解，是关键所在。混合算法结合了数学规划和智能算法的优点。

数学规划方法，有线性规划、非线性规划、混合整数规划、动态规划、网络规划等方法。线性规划算法的研究较多，如 Nfah 和 Ngundam 为喀麦隆（Cameroon）北部的一个偏远地区的风/柴/蓄混合系统建模并进行了能量分析。该系统旨在为农村家庭和学校提供服务。在能源调度中，优先考虑利用风电产生的能量。任何多余的能量都存储在电池中。Torreglosa 等人提出了一种用于混合系统的能源管理系统。该系统由可再生能源组合组成，支持不同的存储设备（电池和氢气系统），允许其在不需要电网连接的情况下运行（独立系统）。所提出的 EMS 重点考虑了经济性问题，这些问题影响到混合系统的哪个设备是在每个时刻必须运行的决定。采用线性规划的方法实现了混合系统全寿命期内运行成本净现值的最小化。总运营成本在很大程度上取决于其组件的重新定位成本。在这项工作中，建议使用寿命退化模型，即寿命取决于操作时间和部件所承受的功率分布，以重新定位来检查它们对成本计算的影响，继而提高能量管理系统的性能。结果表明，所提出的能量调度策略确保了受不同技术经济标准（发电成本、电池蓄电状态、氢含量）影响的独立应用时的可靠电力支持，实现了系统运行成本最小化并延长其使用寿命。线性规划计算迅速、收敛可靠，便于处理各种约束，但它的缺点是优化精度低。基于非线性规划算法的调度研究也非常活跃。例如，Guisández 和 Pérez-Díaz 比较了五种用于水电生产函数建模的混合整数线性规划公式：四种基于文献的混合整数线性规划公式（基于单个凹分段线性流幂函数的传统方法、矩形方法、对数独立分支 6-模方法和四边形方法），以及他们首次提出的混合整数线性规划公式（平行四边形方法）。在不同的国家日前调度市场上，在水电生产函数离散化和时间限制中使用不同的细节水平，对三个虚拟电厂系统的日和周水力调度问题进行了比较。结果的讨论集中在解决调度问题的分析方法的相对准确性、有效性和速度上，以帮助根据时间范围做出最合适的选择。结果表明，对数独立分支 6-模法是最精确的方法之一，平行四边形法是最有效的方法之一，而传统的基于单个凹分段线性流幂函数的方法是最快的方法。吴阿琴提出一种基于半定规划的考虑机组组合的水火电力系统经济调度问题的新算法，将导致该调度问题非凸的整数变量约束转化为凸二次约束，进而将原问题转化为凸优化问题，建立了新的半定规划调度模型。利用 3 个测试系统的仿真分析说明了半定规划可以有效求解水火电力系统经济调度问题，优化结果同时体现了水电削峰填谷的作用。非线性规划可分为二次规划和其他类型的非线性规划。二次规划求解过程相对较为简单，得到广泛应用。其他类型的非线性规划的特点是精度比较高，但计算量相对较大，解算大规模问题时收敛特性不是很稳定。动态规划法的缺点是用数值方法进行求解时存在维数灾难的问题，也无法构造标准的数学模型。经典数学规划优化算法对非线性系统采用分段线性化及利用约束方程和目标函数的一阶、二阶导数寻找优化方向的思想，在很多情况下寻优过程收敛到局部极小点甚至造成发散，例如目标函数不连续或目标函数有多个极小值的情况。另外，经典算法的收敛性很大程度上依赖于迭代初始点的位置。这些局限性使得经典数学规划优化算法不能用来解决目标函数不可微、非凸以及有很多局部最优解的情况，即对于大规模能源系统的全局调度优化问题难以求解。总体而言，数学规划能够获得小规模能源系统的实时运行调度问题的最优解。然而对于大规模调度问题，因为其为非确定且多项式的（Non-deterministic Polynomial，NP）难问题，这类方法不能在合理时间内得到大规模 DIES 实时调度问题的最优解。

元启发式智能算法是一种基于模拟大自然生物、生态等系统进化的仿生方法。它具有自适应、自学习、自组织等特点。用于能源系统调度问题的元启发式智能算法主要有遗传算法（Genetic Algorithm，GA）、粒子群算法（PSO）、差分进化（Differential Evolution，DE）、群搜索优化算法、协方差矩阵自适应进化策略、郊狼优化算法（Coyote Optimization Algorithm，COA）、和声搜索算法（Harmony search，HS）和人工蜂群算法（Artificial Bee Colony，ABC）等。近年来，已有许多研究使用元启发式智能算法进行能源系统的能量管理与日前调度优化。例如，Abedi 等人采用 DE 求解混合系统的非线性多目标优化与最优调度问题。结果表明了所提出的混合动力系统策略的效率和能力。张靖一等人采用改进灰狼算法对某一带储电、储热、储冷以及电动汽车的综合能源系统进行调度优化，调度目标为总运行收益最大，约束条件包括功率平衡约束、机组爬坡约束、储能容量约束等。针对综合能源系统优化调度这个高维优化问题，该研究采用了基于 Hammersley 低差异序列来初始化种群，以确保高维空间中初始种群的均匀性。Deng Z 等人采用改进磷虾群算法对一风光综合能源系统进行优化调度分析，并在运行成本中考虑设备运维成本。通过在新个体的生成过程中，结合局部最优解与全局最优解的位置，增强磷虾种群的信息交换能力，以提高收敛速度，增强全局搜索能力。

此外，有的人结合数学规划和元启发式智能算法的优势，开发出了混合算法对能流进行管理。例如，邱晓燕等人构造了一种融合内点法和 GA 的新算法来求解电力系统的无功优化问题。他们改进了传统的遗传算法，采用混合编码和动态调整选择、交叉、变异算子，并在适应度函数中引入了内点法的对数障碍函数，有效地解决了实际系统的离散变量和状态变量易在边界取得的问题。在无功优化模型中，涉及了网损、电压平均偏离、静态电压稳定裕度和调控费用 4 个指标。在 IEEE14 和 IEEE57 节点算例系统的仿真结果中表明，该算法稳定且具有很好的全局寻优能力和较快的收敛速度，能有效提高系统运行的经济性和安全性。

以上是第一层日前调度采取的运行优化方法，在日内修正阶段，第二层将基于 DIES 实时运行状态对第一层日前调度计划进行了调整。近年来，该类调度方案的研究颇具热度。例如，Turk A 等人提出了一种综合多能源系统的两阶段随机调度方案，该方案考虑了风电的不确定性和不同能源部门之间的协同作用，以实现整个系统在风电弃风量最小的情况下的最优经济运行。第一阶段对发电机组进行能量和储备调度，第二阶段通过储备实现对风电生产的调节。在本方案中，电力系统、天然气系统和区域供热系统相互协调，在日前阶段和实时阶段都实现了更大的灵活性。风电不确定性的随机性由具有相应概率的现实情景来表示，这些现实情景是考虑风电时间相关性的基于历史观测的情景生成算法得到的。在一个小型试验系统上的仿真结果表明，该方案具有更可靠的场景集，提高了经济效率和风力发电利用率，系统总成本降低，储备也得到了优化。

DLCC 优点是获得的日前调度解质量较高。相应地，它的提升空间和挑战在于，由于预测误差和实时修正误差的存在，将降低最初调度解的质量。例如，日前调度方案可能在日内调度和实时修正阶段出现经济性较差或是调度方案不可行的问题，在这种情况下，实时修正阶段会出现较大的功率偏差，进而对系统后续运行方案造成影响。此外，第二层的修正计算成本高，运行控制系统响应慢、稳定性差，实时性不理想。

2.1.3 基于启发式规则的 EMS

解决工程中能源系统的实时调度问题时，往往不可追求 EMS 调度解的最优性，只需获得问题的次优解或满意解。因此，实时 EMS 通常采用启发式规则，即近似方法来解决大规模能源系统的运行调度问题。

基于启发式规则的运行策略实质上采用了贪婪算法的思想，即在当前时刻总是 EMS 可以做出在当前看来是最好的选择。虽然做出的选择可能并不是整体或者全局最优选择，但对于计算资源有限的实时运行管理系统，它用较为简单的计算模型和较少的计算量，得出相比传统策略更优的柔性策略。

常被应用于能源系统 EMS 的基于模糊逻辑的 FLC，属于启发式规则方法。FLC 可以通过模拟人类的思维过程有效地管理能源系统，特别是如果需要执行多情景控制并实现多种功能。它的优势包括：对复杂系统的自适应性，在建模不确定性中提供较高的实时性和鲁棒性，不需要其他智能控制器（例如，人工神经网络）所需的历史数据，以及从模糊或不精确控制模型中容易得出明确的结论信息、对动态环境中内外扰动的响应迅速等。

与需要深入理解 DIES 的精确控制方程和精确数值的经典逻辑不同，FLC 可以轻松对复杂系统进行建模。在表示系统操作和控制数学模型有困难时，FLC 可用于非线性系统的控制。FLC 采用的规则应涵盖能源系统运行中的所有预期条件。

Chen Y K 等人设计并实现了基于模糊逻辑的直流微网 EMS。在这项工作中，分布式能源和储能装置的建模、分析和控制是通过 MATLAB/Simulink 环境进行的，而集成监控 EMS 则是用 LabVIEW 实现的。FLC 管理电池以确保更长的电池寿命，并以低成本为整个系统提供更好的性能。模拟结果验证了所提系统的准确性。该 FLC 可以将电池 SOC 维持在一定水平，而与微电网产生的电量无关。Kyriakarakos 等人提出的模糊逻辑 EMS（FLEMS），通过主逆变器的频率控制来完成控制。如果微电网系统中存在能量不足，并且电池 SOC 较低，则逆变器频率将降至 50 Hz 以下。但是，如果供电过剩并且电池 SOC 很高，那么频率将增加到 50 Hz 以上。此时，主逆变器将检测频率并切断能量生产以避免电池过度充电。作者得出结论，使用所提出的 FLEMS 可以比使用简单的传统开/关 EMS 更有效地利用微电网中的总体可用能量容量。一项相关研究提出了一种综合 EMS，用于优化热电联产（Combined Heat and Power，CHP）系统的能量调度。EMS 是优化 CHP 和锅炉容量的基础，二者相互关联。因此，EMS 能够最佳地选择系统组件以降低整个混合系统的净现值。Erdinc 等人研究了一种 FLEMS，控制目标是在保持电池 SOC 的同时调节整个系统的功率流。作者证明了基于模糊逻辑的 EMS 优于其他早期开发的方法的优势，例如快速响应能力，独立于系统的数学模型，以及在操作期间易于适应新条件等。

基于启发式规则方法的优点在于能快速获得调度问题的近优行为决策。缺点在于采用局部寻优，行为决策未得到全局优化，解的质量不高。由于调度规则的经验性和主观性，很难通过理论分析来判断在多大程度上接近最优解。

综上所述，传统启停 FP 策略响应迅速但调度解的质量低；双层协调控制 DLCC 策略调度解质量有所提升，但实时性、稳定性不理想；基于启发式规则的策略实时性良好，但调度解质量受经验性和主观性约束。以上方法都无法兼顾 EMS 调度解的质量与调度的实时性。

经过优胜劣汰，生物逐渐进化出可适应当下环境的防御机制。它以免疫系统的形式保护生物体不受外部病菌的感染。其运行机理和许多优良、独特的性能对我们解决孤岛 DIES 运行管理与调度问题具有重要的启发作用。

在比较研究各种免疫理论后，发现 Jerne 免疫网络模型，更加适合联供联需能源系统的任务/能量分配与运行调度系统的研究。也许这是解决孤岛 DIES 实时调度问题的一种可行思路，从而使 DIES 的 EMS 具有和免疫系统相似的协作性、实时性、高效性、自适应性和抗扰动性，提高独立地区能源系统供能的可靠性以及经济性。

2.2　实时任务/能量分配方法

在孤岛 DIES 这样的联供联需系统中，源侧和需求侧同类型的设备之间必然存在着任务/能量分配问题。对于这一类多智能体系统，协同任务/能量分配在协同控制中起着至关重要的作用。

多智能体动态全局优化调度中的任务/能量分配是一个 NP 难问题，具有高维、复杂、强随机性等特点。在这类问题中，随着运行调度问题规模的增加，求解会遇到维度灾难。随着能源系统规模的扩大，EMS 调度任务的异质性将增加。此外，现实世界的场景充满了动态性，这种动态体现在环境变化或系统运行时设备状态和任务的变化。动态环境对实时分配提出了更大的挑战。因此，多智能体动态任务分配的复杂性主要来源于系统的大基数和内外扰动的不确定性。

一般来说，以往任务/能量分配方法可以分为集中式方法和分布式方法两大类。在早期的研究中，使用了集中式方法来获得近似的最优解。最近的大部分研究都是以分布式方法解决分配问题。最典型的集中式方法为基于优化的方法；而分布式方法主要有四种，分别为基于市场的方法、博弈论方法、最大和算法和基于性能影响（Performance Impacted，PI）方法。

针对基于优化的任务分配方法，Chopra S 等人提出了一种分布式的匈牙利方法来解决多机器人路由和多机器人编排问题。此外，Attiya 等人提出了一种基于模拟退火的异构分布式系统任务分配方法。Page A J 等人针对动态任务分配问题，设计了一种结合启发式算法的 GA。尽管基于优化的方法具有良好的寻优性能，在许多领域得到了广泛的应用，但很难设计出合适的局部决策规则。大多数基于优化的方法都用于集中式决策系统，抗扰动性和可扩展性差，且单点故障隐患将威胁 DIES 的安全运行。

拍卖算法是一种典型的基于市场的方法。它是一种迭代过程，通过比较多个代理的出价来确定最佳报价，最后的交易由最高的投标人完成。为了解决冲突和确定最终可以中标（存在最终优化解），通常采用协商一致的方法。Choi H L 等人提出了一种基于协商一致的拍卖算法和一种捆绑拍卖算法来解决任务分配问题。Lee 等人在考虑 Agent 通信范围有限的动态环境下，设计了一种改进的拍卖算法。虽然基于市场的方法具有良好的鲁棒性和可扩展性，但也存在一些不足，如：缺乏有效的个体控制策略设计方法；拍卖新任务所带来的复杂性将增加时间和资源消耗；引入必要的协商和惩罚方案时性能不佳；在多代理个性化设计以及全局收敛方面存在不足。

近年来，大量关于分布式博弈论决策的研究工作层出不穷。博弈可分为合作博弈和非合作博弈。二者区别在于有利益纠葛的当事人之间是否存在一个具有约束力的协议。Saad W 等人应用最优联盟形成合作博弈来解决任务分配问题。Jang 等人提出了一种新的基于最优博弈的异步环境下的框架。该框架具有良好的可扩展性与次最优性，但该方法不能保证全局收敛。对于非合作博弈，Chapman 等人提出了一种博弈框架，并将分布式搜索算法应用于求解多代理动态任务分配问题，但该算法的纳什均衡效率和收敛性不能得到保证。Li 等人为多无人机协调运动建立了具有约束动作集的多人势博弈模型，解决了多个无人机的协同搜索与监控问题。利用博弈论解决多智能体动态任务分配问题，存在两个关键问题：

（1）博弈模型效率低下；

（2）学习算法缺乏实时性和全局协同优化能力。

最大和（max-sum）算法是一种为具有挑战性的分散化优化问题提供令人满意的近优解决方案的方法。该方法通过迭代将其最大化函数分解为一个较小的函数之和来寻优。max-sum 已经应用于许多领域，如多无人机（例如 Ramchurn S D 等人的研究）。但是，缺乏对情景感知的支持是它的主要缺点。这是因为 max-sum 算法没有考虑到动态环境，也没有考虑多个任务分配目标。因此，max-sum

应用于实时控制时，需要重新计算整个解决方案，以考虑环境的变化。

基于性能影响的 PI 算法在解决具有时间约束的系统任务分配问题方面表现良好。PI 算法的优点是在优化总体目标时考虑了任务间的协同作用，对不同的网络拓扑都具有鲁棒性。但它只适用于静态调度问题。由于算法在任务包含阶段采用了基于贪婪的策略，不能处理动态重调度，因此存在次最优性问题。更重要的是，在不稳定的通信条件下，算法效率低下。Turner 等人提出了一种由 PI 扩展而来的 PI-MaxAss 方法。该方法基于现有的分布式任务分配算法。它在车辆之间切换任务分配，为未分配的任务创建可行的时间段，从而增加任务分配的数量。与 PI 算法一样，该方法是一个不能动态运行的静态程序。Whitbrook 等人将 PI 开发为一种动态搜索算法，并扩展了 PI，包含了任务选择和最大软任务选择的适当结合。算法的寻优性能得以提高，并能在新信息到达时进行动态地重新调度。

在进行系统任务/能量分配时，集中式方法的优点在于全局收敛性能优良，实现简单，并且由于消除了一致性处理而缩短了运行时间。然而，它有几个缺点，特别是对于大型系统的实时调度管理。首先，确保所有设备都连接到中央控制器的要求给控制器造成了沉重的通信负担。如果设备按其时间表采取行动时需要动态分配，则会由于计算复杂，难以满足实时任务分配问题的实时性要求。此外，所有的计算过程都是在中央控制器上执行的，因此对中央控制器的计算要求很高。更重要的是，集中式方法容易受到单点故障。分布式决策方法克服了这些缺点，能够快速调整任务分配方案，具有良好的容错性和可扩展性。现有的许多分布式任务分配方法往往陷入局部最优，无法获得高质量调度解。因此，任务/能量分配决策系统面临的核心挑战是设计正确的控制策略，以实现全局目标，保证解的质量的同时满足实时性要求。混合集散式方法取长补短，将是解决实时任务/能量分配问题的较优选择。

2.3　相关性度量方法

本书在研究和度量风-光互补特性，以及孤岛 DIES 关键设备/子系统间权-权相关性时，需要建立随机变量之间的通用相关性模型。相关性度量在能源管理系统的 B-T-aiNet 调度模型中将扮演重要角色，如某时段与需求相关性较大的能源具有较高调度优先级。

在以往相关性度量的研究中，Pearson 相关系数无法捕捉到非线性相关程度。Kendall、Spearman 和 Gini 关联系数等不能全面刻画变量之间的相关结构。格兰杰（Granger）因果分析法给不出定量的相关性描述。Cantão M P 等人直接计算 Pearson 相关系数和 Spearman 系数作为巴西水力-风力发电互补特性的相关性测度。Monforti F 等人和 Bett P E 等人在研究风-光互补特性时，也是直接计算 Pearson 相关系数。

另外，构造高维随机变量的联合分布也较困难。Embréchts、McNeil 以及 Cherubim 等人认识到许多实际数据并不服从假定的分布，而错误的假设会影响联合分布模型的准确性。

Copula 有利于解决上述难题。它在分析任意变量间的相关结构时具有较强的优势。首先，由其导出的相关性度量，在线性变换和任何严格单调增的变换下都不会变化，具有唯一性。其次，Copula 可以将随机变量的边缘分布和它们之间的相关结构分开来研究。另外，它可用于构造更符合实际的多元概率分布。

Copula 理论是 Sklar 在 1959 年提出的。Copula 模型在能源领域中也有一些应用。其中，Pircalabu A 等人采用时变高斯 Copula 对风力发电的产量与价格之间的相关特性进行了研究，以指导承包合同相关的定价和风险分配。

利用 Copula 函数建立风-光联合分布模型的前提是构建风、光资源的边缘分布概率模型。权值的样本类型及参数服从的分布形式多样。显然，单一的参数估计模型求取该问题的边缘分布不理想。故而，需要采用非参数模型。它具有不需要对点样本分布的参数形式做任何事先的假设的优点，有着更强的鲁棒性。

相关性模型将在本书提出的实时调度模型中用于度量能源系统关键设备/子系统之间的权-权相关性，并作为确定调度优先级和任务/能量分配的其中一个判据。

2.4 人工免疫系统

2.4.1 人工免疫系统概念

人工免疫系统（Artificial Immune System，AIS）是借鉴免疫系统机制和理论免疫学而发展的自适应系统。AIS 应用的对象是工程中的问题，它是站在工程角度研究免疫系统的工作原理。特别地，众多学者对理论免疫学的长期研究，为 AIS 奠定了厚实的基础。

2.4.2 人工免疫系统应用

AIS 应用的工程领域非常广。它多被应用于需要对抗显著变化的情景，如智能控制、机器人协同、优化计算、数据分析、故障诊断、信息安全和模式识别。一种 AIS 优化方法被应用于离散变结构控制器参数的整定；ＡＳＤ等人以生物免疫机制为基础，为某异构的多智能体体系设计了一种分布式、智能化、自适应的交通信号控制系统；一种基于免疫网络理论的协作控制方法用于多机器人的分布自治；Masutti 提出了一种基于 AIS 的自组织网络来解决旅行商问题，网络中的每个细胞对应于一个城市，细胞标号的排序对应于旅行商所经过城市的排序；Dai H 将一种基于亲和力的侧向互作用人工免疫模型用于数据分类，模型包括输入处理层（抗原提呈细胞层）、竞争协作层（Th 细胞层）、输出层（B 细胞层）。抗原和抗体分别对应于网络的输入和输出，免疫细胞的相互作用表现为它们间的连接权值；独特性免疫网络被用于诊断热传感器的故障，将传感器简化为网络节点。节点间的连接权值表示各节点间内在互联关系，可直接根据节点的实际状态判断传感器是否发生故障；倪建成等研究了树突状细胞的分化机制，刻画了其分化模型和演化过程。结果表明该方法可降低入侵检测的误报率，提高计算机系统的运行可靠性；一种多值免疫网络模型被用于模式识别。因其具有良好的记忆能力，故而抑制了噪声。

由于本书研究的是 DIES 实时 EMS 优化问题，因此接下来主要对免疫系统在系统实时调度与运行管理领域的应用进行介绍。免疫系统在系统运行和调度中的研究主要有两类：基于群体的免疫计算模型和基于网络的免疫计算模型。这两种模型的启发来源不同。基于群体的模型是受到免疫细胞早期发育变异过程的启发，这时免疫细胞还没有进入淋巴系统。基于网络的模型是受到 Jerne 免疫网络理论的启发。

基于群体的免疫计算模型应用于系统运行优化有许多研究成果。Prakash 等人提出了一种改进免疫方法用于柔性制造系统运行中的机器负载问题。引入了新的超突变操作。Liao 等人用免疫 GA 解决短期机组运行和调配问题。引入混沌搜索来避免早熟收敛。利用模糊逻辑调节交叉率、变异率，既能够保持群体多样性，又能实现较快的收敛。李安强等人结合免疫机制与粒子群算法解决水电厂的日前负荷分配问题，贡献在于用免疫机制保存了适应度高的粒子。相比而言，在系统运行优化与实时调度方面，基于网络的调度模型研究少。免疫网络应用主要集中在多智能体系统（如多无人机、多机器人）等研究中。

2.4.3　免疫网络理论

AIS 已被抽象成数学方法并成功应用于实际工程的理论分别为克隆选择理论、免疫网络理论、否定选择理论和危险理论。对比各种免疫理论后发现 Jerne 免疫网络模型，非常适合偏远地区 DIES 运行管理研究，故对其进行特别介绍。

1974 年，Jerne 提出了免疫网络理论，并用微分方程来描述免疫网络中 B 细胞浓度的动态变化特性。后来，Farmer 等人基于 Jerne 免疫网络给出了免疫系统的抗体激励动态模型。此后，Stadler 提出了一种独特性免疫网络的数学模型。Hirayama 用数学方程描述了独特性免疫网络在短时间内的动态行为。

免疫网络理论扩展了克隆选择理论。其基本思想是免疫细胞通过相互刺激或抑制，形成一个相互作用的动态网络。免疫系统对外来抗原的应答不仅是部分免疫细胞的局部行为，且是整个免疫网络共同作用的结果。

抗体间的相互激励和抑制可以类比为 DIES 中设备/子系统间的相互协作；抗体间组成的动态免疫网络可被类比为设备/子系统间组成的实时调度协作网络等。本书借鉴 Jerne 免疫网络理论优化孤岛 DIES 的 EMS，使其具有和生物免疫系统相似的自适应性、动态平衡性和鲁棒性，可更好地应对内外界扰动，提高 DIES 实时运行的稳定性、经济性以及供能的可靠性。

2.5　能量管理系统优化目标与控制结构

2.5.1　运行管理的优化目标

DIES 的实时 EMS 可以具有不同的优化目标函数，即所研究问题的优化视角和出发点存在差别。这些目标函数基于用户偏好、地理区域，视角涉及设备运行效率、政府法规、关税类型、能量存储和发电等。目标大致分为经济性、节能性、环境友好性以及安全性。

经济性主要指与 DIES 的初投资和运营成本相关的目标。其中，运营成本包括生产成本、燃料成本、维护成本、启动和关闭成本以及退化成本。特别地，许多研究比较关注电池和其他存储设备（如储氢和超级电容器）的运行管理，包括与储存成本、充放电成本和效率相关的目标。此外，其他惩罚性质的目标、罚款成本、最坏情况净交易成本和用户不满成本。节能性目标，如能量损失；环境友好性目标，如最小化碳排放和罚金成本；供能安全性目标，即可靠性目标。

除单目标外，越来越多地研究考虑了多目标 EMS。Silvestre 等人描述了一个多目标框架，以最大限度地减少功率损失、碳排放和发电成本。Adika C O 等人讨论了供给和折损成本。Zhao B 等人提出了燃料成本、维护和启动成本的最小化目标。Hooshmand A 等人使用多目标方法来最小化生产和存储成本。Duan 等人使用了多目标范式，以最大限度地减少供能短缺、存储和应急购买成本。Ma K 等人旨在最小化能源消费成本和不满意成本。Adika 等人将用户的经济收益和惩罚成本在多目标优化中相结合，寻求用户财务收益的最大化以及惩罚成本的最小化。Jiang Q 等人在考虑负荷、供应、存储和电网成本的同时，提出了多目标收益优化。作者考虑了由于载荷造成的供应、存储和罚款成本。Garcia 提出了一种多目标优化技术，以最大限度地降低电网、电池、超级电容器和氢气的成本。Kanchev 等人考虑了运行和碳排放的惩罚成本。Nguyen 等人使用多目标范例来最小化燃料消耗成本并最大化充电/放电效率。在 Zhang 等人的研究中，多目标优化用以最大化负载收入并最小化供应成本和最坏情况下的净交易成本。Stluka 等人讨论了最小化发电、运行、启动和购买成本。Chen C 等人提出了一种多目标方法，以便通过降低使用时间价格来最大化利益，并最大限度地降低能量存储元件的每小时存储成本。为了最大化微电网的可靠性指标并最小化系统分配成本，在 Viral R 等人、Pepermans 等人的研究中，提出了各自的多目标方法。Corso 等人重点关注最小化燃料成本、碳排放和能源损失。

2.5.2　调度控制结构

控制结构的不同，实际上是实现能源管理优化的方案不同。通信是控制的主要元素。基本控制由三种结构执行，以通信级别为特征区分，分别为集中控制、分散控制和分散-协调控制。

采用集中控制管理 DIES 能量流动时，各分布式单元由中央控制器控制。收集来自分布式单元的数据，通过数字通信链路（Digital Channel Link，DCL）将处理结果和命令发回给它们。通信是中央控制方案的核心。该方案的优点包括整个系统的强可观测性和可控性。它还存在诸如易出现单点故障，系统可靠性、灵活性和可扩展性低等缺点。

在分散控制中，分布式单元由独立控制器通过其本地变量控制，不存在DCL。虽然由于系统其他单元信息不足，该控制方案存在一些性能限制。但由于不存在不同单元之间 DCL 的要求，子系统间的管理相互不干扰，因此被认为是最可靠的控制方案。

集中控制和分散控制各自具有一定的优势。分散-协调控制整合了两种方案的优点。每个单元的控制器只通过可用的有限 DCL 与相邻单元交换数据。因此，共同承担负载功率、电压恢复、均流、蓄电状态平衡等目标可以很容易地实现。由于 DIES 设备单元的显著增加，有时很难实现集中控制方案。在这种情况下，分布式控制方案是一个很好的选择。这种策略不受单点故障的影响，因为即使一些 DCL 发生故障，系统也能保持全部功能。分布式控制方案的主要缺点是母线电压偏差，功率跟踪误差和性能分析的复杂性。相权之下，EMS 宜采用分散-协调控制，基于共识和代理实现实时运行管理与能量调度。

2.6　风险评估模型

孤岛 DIES 位于孤立地区，远离公共能源网络，故而对它进行供能风险评估十分重要。内在扰动有设备故障或系统内部因素发生变化。外部扰动包括可影响系统正常运行的自然灾害或人为作用。这些内外扰动都有可能破坏供需平衡，最终导致供能短缺事故的发生。评估内外扰动可能带来的供能短缺风险将是预防复杂 DIES 供能短缺的重要措施。目前 DIES 的安全风险评估，主要包括基于可靠性理论的方法和基于风险管理的方法。风险评估不仅可作为 EMS 自愈性能评价指标，也为 DIES 的运行和控制提供了决策支持。

对风险评估模型的基本要求如下：再现真实现象的准确性；合理的计算复杂度和执行速度；较小的对大量数据的依赖程度；可对结果进行详细审查和解释；可量化事件的概率或发生的频率。通常，需要在准确度和速度之间进行权衡。这种权衡的结果很可能取决于要使用的工具与方法的时间尺度。类似地，测试对不同假设敏感性的容易程度将取决于执行速度和所需的数据量。表 2.1 对现有的主要几类风险评估模型进行了总结和对比。

表 2.1　风险评估模型对比

通用方法	优　点	缺　点
基于历史数据	真实性（没有模型假设）	为进行良好统计所需的观察时间长；资料不准确或遗失
确定性方法	类似于标准的可靠性框架	事件选择的主观性；没有进行概率或风险评估；缺少机制描述；许多建模近似
概率方法	可实现风险评估定量化	模拟速度慢；缺少机制描述；许多建模近似
高级统计模型	描述了系统相关机制，如恢复力、干扰事件的可检测和预测性等；简单、易处理	忽略故障细节

2.6.1　基于历史数据

评估 DIES 供能短缺风险的最基本方法是识别历史供能短缺记录的趋势。在这种方法中，供能短缺的时间和多少的记录被总结成与系统风险有关的综合应对措施。供能短缺数据可以用来估计，例如，各种规模范围的供能短缺概率或供能短缺频率的时间趋势。供能短缺规模的历史分布为其他评估方法提供了一个验证基准。历史方法不能用来直接度量实时风险，因为实时状态数据通常不包含在分析中。基于历史数据的方法显然没有模型假设。其仅限于依据历史记录研究系统供能风险变化，缺少预测能力。

2.6.2　确定性方法

百分数备用法和最大机组备用法都属于确定性方法。依据孤岛 DIES 长期运行中积累的故障资料、历史负荷与负荷预测资料、系统架构等来确定。

2.6.3　概率方法

另一类是概率方法。目前常用的能源系统概率风险评估方法为蒙特卡罗模拟法。按抽样方法的不同可分为状态抽样法（非时序蒙特卡罗模拟法）、状态持续时间抽样法（时序蒙特卡罗模拟法）、系统状态转移抽样法（时序蒙特卡罗模拟法）三种方法。

状态抽样法抽样需要的基本数据较少，仅 DIES 中的设备状态概率是必需的。它的主要缺点是难以准确计算频率指标。

时序蒙特卡罗抽样的主要优点是能灵活地模拟状态持续时间的任何概率分布。但相对状态抽样法，它需要更多的硬件存储和时间。此外，它还需要与所有设备状态持续时间分布有关的参数。

系统状态转移抽样法，是对整个系统的状态转移过程进行抽样。与状态持续时间抽样法相比，该方法不需存储形成的时序状态信息。与状态抽样法相比，该方法生成一个系统状态仅需一次抽样，而不需对每个设备都进行抽样。但该方法的缺点在于只适用于 DIES 中的设备状态持续时间均服从指数分布的情况。

2.6.4　高级统计模型

高级模型是详细分析方法的补充，因为它们总结了风险关键特性，而忽略了大部分细节。与直接估计供能短缺规模的分布相比，高水平统计模型的参数可以通过更短的观测或更少的模拟运行来估计。

2.7　现有研究存在的问题

在既有的研究中，尽管提出了大量新的应用于孤岛能源系统的实时 EMS 方法，但很少有被广泛地应用在实际的能源系统项目的在线运行管理中。这其中的原因包括：

（1）难以兼顾调度解的质量和实时性；

（2）对动态环境和动态任务的适应性以及抗扰动性不够理想；

（3）缺乏识别新故障和更新策略集的能力。

除了上述 3 个问题外，还有如下的方面需要考虑：

（1）通常，能源系统在线运行涉及的信息是非线性变量；

（2）能量来源/需求形式众多且供需都具有较强的不确定性和随机性，需要协调控制源、转、网、荷、储的运行并进行合理的任务/能量分配；

（3）DIES 是一个复杂的系统，包含多个子系统，各个子系统间相互依存的同时，相互影响和竞争。

因此，一个适合于孤岛 DIES 在线运行的实时 EMS 方法应该具有如下的属性：

（1）兼顾调度解的质量和实时性；

（2）对动态环境和任务的自适应性、抗扰动性；

（3）具有识别新故障和更新策略集的能力；

（4）具有处理非线性、不确定性信息的能力；

（5）全局优化时，充分体现和利用设备/子系统间相互依存、影响和竞争的关系。

本书根据本章上述问题开展研究工作。主要目的是开发新的孤岛 DIES 实时 EMS 方法，使其具备以上所述的适合于实际孤立能源系统的在线 EMS 方法应有的属性。

3 DIES 原理及模型

孤岛地区能源系统的最大特点是远离公共能源网络，无能源供应外援。保障该地区的供能安全性至关重要。另外，风、光资源的随机波动性和不确定性带来的较高弃风率、弃光率。可实现梯级供能的 DIES，能够较好地应对上述两个难题，被认为是解决岛屿、山区和农村等偏远孤立地区建筑用能问题的较佳方法。本章首先设计了一种梯级供能、储能的孤岛 DIES，继而建立了 DIES 数学理论模型、能源网络节点模型以及设备/子系统间权-权相关性模型，为 DIES 性能分析及运行优化提供理论基础。

3.1 DIES 数学模型

以往对于孤立地区混合能源系统的研究中，依据具体需求提出了不同形式的能源系统形式。在最初的风/光/柴/蓄混合供能系统形式基础上，需求侧的能源形式由电能不断扩展和丰富。Firtina-Ertis I 等人设计并研究了一种独立的风-氢-燃料电池混合能源系统，为远离电网的零能耗建筑供能。Hasan Mehrjerdi 针对一个未接入公用能源网络的偏远岛屿，建立了水、能联合供应系统的模型。用户所需要的电能、热能以及海水淡化用能由一个风光互补系统提供。利用电池储能来平衡可再生能源的生产时段和峰值负荷需求的不协同。海水淡化系统推广的限制在于使用化石能源时的高能耗和高污染问题，而使用可再生能源提供动力可避免淡水生产对化石燃料的依赖。且在淡水短缺的岛屿或地区，风、光资源通常很好，允许大量使用可再生能源。同理，燃气供应问题也通过可再生能源转化的方式得以解决，而非依赖传统化石能源。

由于风能和太阳能的随机波动性，其在供能时极易在某一时段出现与供能需求不匹配的情况，即供需之间存在逆向错位。卸载峰值电量，即弃风、弃光，将造成能源浪费以及谷值时段供能危机。弃风、弃光的原因除新能源发电的间歇性、波动性特征外，还有蓄电成本大、蓄电池寿命短，以及即时就地消纳能力差，消费需求结构性不足。

为了解决弃风、弃光问题，本书在传统储能形式上，加入 P2G 和海水淡化系统，通过负荷转移，提高系统供能灵活性以及能源消费端的即时就地消纳能力。对于清洁电能的利用，遵从"梯级利用"的原则。能源产品为冷/热/电/气/水，形式多样，涵盖了人们的日常需求。转化设备有海水源热泵，电解氢和甲烷化设备，以及海水淡化设备等。系统中源-转-荷各子系统涉及设备众多，具有复杂性。系统的复杂性势必带来其运行中能流管理的复杂性。DIES 拓扑图如图 3.1 所示。该 DIES 实现了冷、热、电、气、水五联供，并蓄存电、气、水。与冷热电三联供的混合可再生能源系统相比，其弃风率降低了 26%，弃光率降低了 32%，可再生能源利用效率得以大大提高。

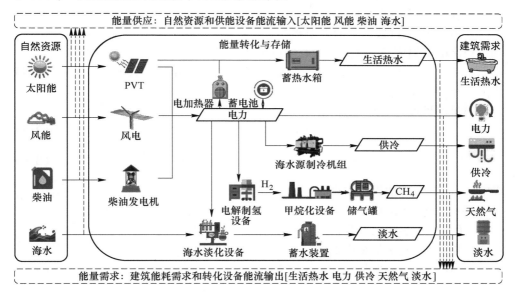

图 3.1　孤岛地区 DIES 拓扑图

3.1.1　风力发电模型

若通过功率风速计算法计算风机输出功率，则风力发电机的每小时输出功率为：

$$P_W = \begin{cases} aV^3 - bP_{WR}, & V_{ci} < V < V_r \\ P_{WR}, & V_r < V < V_{co} \\ 0, & 否则 \end{cases} \quad (3.1)$$

式中，$a = P_R/(V_r^3 - V_{ci}^3)$，$b = V_{ci}^3/(V_r^3 - V_{ci}^3)$；$P_{WR}$ 是风机额定功率；V_{ci}，V_r，V_{co} 分别为风机的启动、额定和切出风速；V 为风速；P_W 为风力发电机输出功率。

3.1.2　光伏光热模型

Kern 于 1978 年提出了光伏光热（Photovoltaic/Thermal，PVT）系统，该系统可以同时提供电量和热量。内部流体从电池板背面吸收热量，以降低光伏电池工作温度，从而提升发电效率。PVT 组件发电模型为：

$$P_{PVT} = A_{PVT} G_s \eta_E \tag{3.2}$$

$$\eta_E = \eta_{ref} [1 - \beta_{ref}(T_{cell} - T_{ref})] \tag{3.3}$$

式中　η_{ref}——PVT 组件参考发电效率；

　　　β_{ref}——功率变化温度系数；

　　　T_{ref}——参考温度（一般取 25 ℃）；

　　　A_{PVT}——光伏板总面积；

　　　G_s——任意条件下的太阳辐射。

光伏电池温度 T_{cell} 取决于所处环境条件：

$$T_{cell} = 30 + 0.0175(G_s - 300) + 1.14(T_a - 25) \tag{3.4}$$

式中　T_a——环境温度。

PVT 组件产热模型为：

$$Q_{PVT} = A_{PVT} G_s \eta_{th} \tag{3.5}$$

$$\eta_{th} = \tau_{PVT} \alpha_{PVT}(1 - \eta_E) - \frac{U_{loss}(T_{cell} - T_a)}{G_s} \tag{3.6}$$

式中　τ_{PVT}——光伏板透射率；

　　　α_{PVT}——光伏板吸收率；

　　　U_{loss}——热损失系数；

　　　A_{PVT}——光伏板总面积；

　　　G_s——任意条件下的太阳辐射。

3.1.3 柴油发电机模型

柴油发电机将作为风光蓄不足以供应负载时的备用能源。柴油机燃料消耗 $D_f(t)(L/h)$ 可被描述为：

$$D_f(t) = \alpha_{DG} P_{DG}(t) + \beta_{DG} \times P_{Dr} \tag{3.7}$$

式中　$D_f(t)$——柴油机逐时燃料消耗，L/h；

　　　$P_{DG}(t)$——柴油机的发电功率，kW；

　　　P_{Dr}——额定功率，kW；

　　　α_{DG}，β_{DG}——燃料消耗曲线的系数，通常取为 0.2461 L/(kW·h) 和 0.08415 L/(kW·h)。

3.1.4 蓄电池模型

蓄电池最常用的模型为充放电模型。t 时刻蓄电池 SOC 的数学描述如下：

$$SOC(t) = SOC(t-1) \times (1 - \sigma_{bat}) + \frac{P_{BC}(t) \times \eta_{BC}}{\eta_{inv}} - \frac{P_{BD}(t)}{\eta_{BD} \times \eta_{inv}} \tag{3.8}$$

式中　σ_{bat}——蓄电池的自放电率；

　　　η_{BD}——蓄电池的放电效率；

η_{BC}——蓄电池的充电效率；

η_{inv}——逆变器效率；

$P_{BD}(t)$——放电功率，W；

$P_{BC}(t)$——充电功率，W。

3.1.5 热湿独立处理子系统模型

低纬度岛礁地区的温湿度常年保持在 30 ℃，相对湿度（Relative Humidity，RH）为 80%。含湿量为 21.5 g/kg（干空气），比 ARI 标准中湿工况下的 16.2 g/kg（干空气）高约 32.7%，极端情况下会高达 24.3 g/kg（干空气）。为了保证 25 ℃，50% RH 的室内标准，送风温差 7 ℃，送风温度 18 ℃，室外新风所需要的除湿量高达 11 g/kg（干空气）以上。本文选用两级转轮除湿冷却系统进行温湿度调控。

3.1.5.1 除湿转轮数学模型

取圆柱坐标来建立除湿转轮的物理模型。图 3.2 为圆柱坐标 r，ϕ，z 下的除湿转轮的微元体示意图。模型中，除湿区域为 $0 \leqslant \phi < 2\pi - \phi_R$，再生区域为 $2\pi - \phi_R \leqslant \phi < 2\pi$。

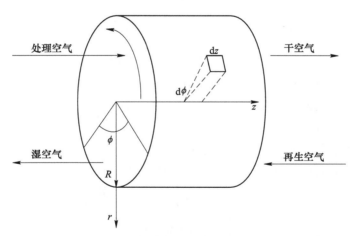

图 3.2 除湿转轮物理模型

除湿转轮中微元体中气体区中的水分质量守恒和能量守恒方程见式（3.9）和式（3.10）。

$$\frac{\partial D}{\partial \tau} + \omega \frac{\partial D}{\partial \phi} + \frac{m_i}{\rho_i} \frac{\partial D}{\partial z} = \frac{K_y F_V}{\rho_i f_s}(D_w - D) \tag{3.9}$$

$$\frac{\partial t}{\partial \tau} + \omega \frac{\partial t}{\partial \phi} + \frac{m_i}{\rho_i} \frac{\partial t}{\partial z} = \frac{\alpha F_V}{\rho_i f_s C p_l}(t_w - t) \tag{3.10}$$

以下为固体区的水分质量守恒和能量守恒方程。

A 微元体内吸附剂侧水分质量守恒控制方程

微元体中吸附剂本身的水分在 $d\tau$ 时间内的变化为：

$$M_w \frac{1}{2} R^2 d\phi dz \frac{\partial W}{\partial \tau} d\tau \qquad ①$$

在 $d\tau$ 时间内，从 z 向进入微元体中吸附剂的水分为：

$$- M_w(1 - f_s) \frac{1}{2} R^2 d\phi D_e \frac{\partial W}{\partial z} d\tau \qquad ②$$

在 $d\tau$ 时间内，从 z 向出微元体中吸附剂的水分为：

$$- M_w(1 - f_s) \cdot \frac{1}{2} R^2 d\phi D_e \left(\frac{\partial W}{\partial z} + \frac{\partial^2 W}{\partial z^2} dz \right) d\tau \qquad ③$$

在 $d\tau$ 时间内，微元体中的空气表面向吸附剂传质过程传递的水分为：

$$K_y F_V \frac{1}{2} R^2 d\phi dz (D - D_w) d\tau \qquad ④$$

在 $d\tau$ 时间内，因转动而从 ϕ 向进入微元体中吸附剂的水分为：

$$M_w \omega \frac{1}{2} R^2 dz W d\tau \qquad ⑤$$

在 $d\tau$ 时间内，因转动而从 ϕ 向出微元体中吸附剂的水分为：

$$M_w \omega \frac{1}{2} R^2 dz \left(W + \frac{\partial W}{\partial \phi} d\phi \right) d\tau \qquad ⑥$$

由质量守恒得到吸附剂水分质量守恒方程为：

$$\frac{\partial W}{\partial \tau} + \omega \frac{\partial W}{\partial \phi} = D_e(1 - f_s) \frac{\partial^2 W}{\partial z^2} + \frac{K_y F_V}{M_w}(D - D_w) \qquad (3.11)$$

B 微元体内吸附剂侧能量守恒控制方程

微元体中吸附剂本身的能量在 $d\tau$ 时间内的变化为：

$$\frac{1}{2} R^2 d\phi dz \cdot M_w(Cp_w + WCp_s) \frac{\partial t_w}{\partial \tau} d\tau \qquad ①$$

在 $d\tau$ 时间内，从 Z 向进入微元体中吸附剂的热量为：

$$(1 - f_s) \frac{1}{2} R^2 d\phi q d\tau = - \lambda(1 - f_s) \frac{1}{2} R^2 d\phi \frac{\partial t}{\partial z} d\tau \qquad ②$$

在 $d\tau$ 时间内，从 Z 向出微元体中吸附剂的热量为：

$$- \lambda(1 - f_s) \cdot \frac{1}{2} R^2 d\phi \left(\frac{\partial t}{\partial z} + \frac{\partial^2 t}{\partial z^2} dz \right) d\tau \qquad ③$$

在 $d\tau$ 时间内，微元体中的空气向吸附剂传递的热量为：

$$\frac{1}{2} R^2 d\phi dz F_V [\alpha(t - t_w) + K_y Q(D - D_w)] d\tau \qquad ④$$

在 $d\tau$ 时间内，因转动而从 ϕ 向进入微元体中吸附剂的热量为：

$$\frac{1}{2}\omega R^2 \mathrm{d}z \cdot M_\mathrm{w}(Cp_\mathrm{w} + WCp_\mathrm{s})t_\mathrm{w}\mathrm{d}\tau \tag{⑤}$$

在 $d\tau$ 时间内，因转动而从 ϕ 向出微元体中吸附剂的热量为：

$$\frac{1}{2}\omega R^2 \mathrm{d}z \cdot M_\mathrm{w}(Cp_\mathrm{w} + WCp_\mathrm{s})\left(t_\mathrm{w} + \frac{\partial t_\mathrm{w}}{\partial \phi}\mathrm{d}\phi\right)\mathrm{d}\tau \tag{⑥}$$

由能量守恒得到吸附剂侧能量守恒方程为：

$$\frac{\partial t_\mathrm{w}}{\partial \tau} + \omega\frac{\partial t_\mathrm{w}}{\partial \phi} = \frac{\lambda(1 - f_\mathrm{s})}{M_\mathrm{w}(Cp_\mathrm{w} + WCp_\mathrm{s})}\frac{\partial^2 t_\mathrm{w}}{\partial z^2} + \frac{K_\mathrm{y}F_\mathrm{V}Q(D - D_\mathrm{w}) + \alpha F_\mathrm{V}(t - t_\mathrm{w})}{M_\mathrm{w}(Cp_\mathrm{w} + WCp_\mathrm{s})}$$

$$\tag{3.12}$$

另外的补充方程，引用于参考文献。

吸附剂表面处的含湿量：

$$D_\mathrm{w} = \frac{0.622\phi p_\mathrm{s}}{B - \phi p_\mathrm{s}} \tag{3.13}$$

其中

$$\ln p_\mathrm{s} = 23.1964 - \frac{3816.44}{t_\mathrm{w} - 46.13} \tag{3.14}$$

单位吸附剂的吸附率与其最大吸附率关系式：

$$\frac{W}{W_\mathrm{max}} = \frac{\phi}{R + \phi(1 - R)} \tag{3.15}$$

硅胶吸附剂产生的吸附热：

$$Q_\mathrm{x} = \begin{cases} -13400W + 3500 & W \leqslant 0.05 \\ -1400W + 2950 & W > 0.05 \end{cases} \tag{3.16}$$

硅胶内有效扩散系数：

$$D_\mathrm{e} = D_0 \exp\frac{-0.974 \times 0.01Q_\mathrm{x}}{t_\mathrm{w} + 273.15} \tag{3.17}$$

式中，$D_0 = 0.8 \times 10^{-6}~\mathrm{m}^2/\mathrm{s}$。

空气与吸附剂间的传质系数：

$$K_\mathrm{y} = 0.704m_\mathrm{i}Re^{-0.51} \tag{3.18}$$

空气与吸附剂间的换热系数：

$$\alpha_\mathrm{ex} = 0.671m_\mathrm{i}Re^{-0.51}Cp_a \tag{3.19}$$

边界条件主要有以下两种。

（1）周期性边界条件：

$$\begin{cases} D(0,z,\tau) = D(2\pi,z,\tau) \\ t(0,z,\tau) = t(2\pi,z,\tau) \\ W(0,z,\tau) = W(2\pi,z,\tau) \\ t_\mathrm{w}(0,z,\tau) = t_\mathrm{w}(2\pi,z,\tau) \end{cases} \tag{3.20}$$

（2）转轮绝热边界条件：

$$\begin{cases} \dfrac{\partial T_{\rm w}}{\partial z}\Big|_{z=0} = \dfrac{\partial T_{\rm w}}{\partial z}\Big|_{z=l} = 0 \\[2mm] \dfrac{\partial D_{\rm w}}{\partial z}\Big|_{z=0} = \dfrac{\partial D_{\rm w}}{\partial z}\Big|_{z=l} = 0 \end{cases} \tag{3.21}$$

3.1.5.2　蒸汽压缩制冷机组模型

蒸汽压缩制冷的理论循环由两个等压过程、一个等熵过程和一个绝热节流过程组成，图 3.3 给出了理论循环在状态图上的描述。

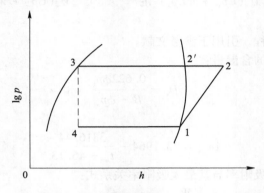

图 3.3　蒸汽压缩制冷循环 $\lg p\text{-}h$ 图

A　蒸发器模型

本书采用集总参数法对卧式壳管式蒸发器进行建模。蒸发温度 $t_{\rm e}$ 可以用式（3.22）进行计算：

$$t_{\rm e} = \frac{1}{2}(t_{\rm ei} + t_{\rm eo}) - \theta_{\rm e} \tag{3.22}$$

式中　$\theta_{\rm e}$——蒸发器中平均传热温差，℃。

蒸发器负荷与能量平衡式见式（3.23）：

$$\theta_{\rm e} = AU_{\rm e}\Delta t_{\rm me} \tag{3.23}$$

式中　$AU_{\rm e}$——传热系数；

　　　$\Delta t_{\rm me}$——对数平均传热温差。

$$AU_{\rm e} = (C_{AU1}M_{\rm e}^{-0.8} + C_{AU2}Q_{\rm e}^{-0.745} + C_{AU3})^{-1} \tag{3.24}$$

式中　C_{AU1}，C_{AU2}，C_{AU3}——拟合系数；

　　　$M_{\rm e}$——冷冻水流量；

　　　$Q_{\rm e}$——制冷量。

$$\Delta t_{me} = \frac{(t_{ei} - t_e) - (t_{eo} - t_e)}{\ln \dfrac{t_{ei} - t_e}{t_{eo} - t_e}} = \frac{t_{ei} - t_{eo}}{\ln \dfrac{t_{ei} - t_e}{t_{eo} - t_e}} \qquad (3.25)$$

式中　t_{ei}——冷冻水进口温度,℃;

　　　　t_e——蒸发温度,℃;

　　　　t_{eo}——冷冻水出口温度,℃。

采用 ε-NTU 传热单元数法,则传热守恒方程式可用式(3.26)表示:

$$\theta_e = \varepsilon_e M_e C_{pw}(t_{ei} - t_e) = \frac{\varepsilon_e M_e C_{pw}}{1 - \varepsilon_e}(t_{eo} - t_e) \qquad (3.26)$$

式中　ε_e——传热效率,$\varepsilon_e = 1 - e^{-NTU_e}$;

　　NTU_e——传热单元数,$NTU_e = AU_e / (M_e C_{pw})$;

　　　C_{pw}——水的比热容。

蒸发器侧制冷剂质量流量见式(3.27):

$$q_{me} = Q_e / (h_1 - h_4) \qquad (3.27)$$

式中　q_{me}——蒸发器侧制冷剂的质量流量,kg/s;

　　h_1,h_4——蒸发器出入口制冷剂的焓值,kJ/kg。

B　冷凝器模型

通过冷凝器的制冷剂质量流量见式(3.28):

$$Q_k = W_{com} + Q_e = q_{mc}(h_2 - h_3) \qquad (3.28)$$

式中　W_{com}——压缩机功耗,kW;

　　　Q_k——机组冷凝热,kW;

　　q_{mc}——冷凝器制冷剂的质量流量,kg/s;

　　　h_2——压缩机出口制冷剂的焓值,kJ/kg;

　　　h_3——冷凝器出口制冷剂的焓值,kJ/kg。

C　压缩机模型

a　制冷剂流量模型

压缩机制冷剂流量计算见式(3.29):

$$m_{com} = \lambda_{com} \frac{V_{com-th}}{v_{suc}} = \left[\frac{a_{com-1} V_{com-th}}{v_{suc}} + \frac{a_{com-2} V_{com-th}}{v_{suc}} \left(\frac{P_{com2}}{P_{com1}} \right)^{\frac{1}{k_{com}}} \right] \qquad (3.29)$$

式中　m_{com}——制冷剂流量;

　　V_{com-th}——压缩机的理论容积输气量;

　　　v_{suc}——开式压缩机环节吸气口的制冷剂气体比容;

　　　λ_{com}——输气系数;

　　　k_{com}——压缩机压缩过程的多变指数,可取为一个常数;

　　P_{com2}——压缩机排气压力,Pa;

P_{com1}——压缩机吸气压力，Pa。

b　压缩机功耗模型

压缩机功耗计算见式（3.30）：

$$W_{com} = m_{com} \frac{h_2 - h_1}{\eta_{coms}}$$ （3.30）

式中　η_{coms}——机电效率；

h_2——压缩机出口的焓值；

h_1——压缩机入口的焓值。

D　膨胀阀模型

膨胀阀的流量为：

$$m_r = C_D A \sqrt{2\rho_3(p_3 - p_4)}$$ （3.31）

式中　m_r——膨胀阀侧制冷剂的质量流量，kg/s；

C_D——流量系数；

ρ_3——制冷剂液体进口密度，kg/m^3；

p_3，p_4——制冷剂进出口压力，Pa；

A——阀的流通面积，m^2。

流量系数见式（3.32）：

$$C_D = 0.02005\sqrt{\rho_3} + 6.34v_4$$ （3.32）

式中　v_4——膨胀阀出口制冷剂的比容，m^3/kg。

3.1.5.3　预冷预热段显热换热器模型

在热、湿处理过程之间的预热预冷段（见图 3.1）的显热换热器采用壳管式换热器。简化为效率计算公式见式（3.33）：

$$\varepsilon_{he} = \frac{\Delta T_{min}}{T_{in,hot} - T_{in,cool}}$$ （3.33）

式中　ΔT_{min}——进入预热预冷段换热器中冷热流体中质量流量较小的进出口温差，℃；

$T_{in,hot}$——热流体的进口温度，℃；

$T_{in,cool}$——冷流体的进口温度，℃。

3.1.6　电转气模型

P2G，即将电力转化为天然气。P2G 工艺包括电解水和甲烷化。

（1）电解水。

$$H_2O \xrightarrow{\text{电}} H_2 + \frac{1}{2}O_2, \quad \Delta H = + 285 \text{ kJ/mol}$$ （3.34）

电解水将电能转化为氢能，其转化效率为 75%~85%。

（2）甲烷化。

$$CO_2 + 4H_2 \longrightarrow CH_2 + 2H_2O, \quad \Delta H = -165 \text{ kJ/mol} \tag{3.35}$$

甲烷化反应为放热反应，能量转换效率为 75% ~ 80%。因此，P2G 综合效率可以达到 60%。在电转气过程中，能量转换关系可表示见式（3.36）：

$$Q_{P2G} = \frac{P_{P2G}\eta_{P2G}}{GHV} \tag{3.36}$$

式中　P_{P2G}——P2G 设备消耗的有功功率；

　　　Q_{P2G}——P2G 设备 Q_{P2G} 产生的天然气流量；

　　　η_{P2G}——P2G 设备的转换效率；

　　　GHV——天然气的热值，为 39 MJ/m³。

P2G 设备利用富余的风电、光电转化为天然气的优势，除了提高可再生能源消纳、促进多能源互补外，还同时为系统提供备用、碳捕获等辅助服务。P2G 负荷可随功率输出波动而波动，特别适用于间歇性、不稳定的风电和太阳能发电的储能，有望为弃风、弃光问题提供一条有效解决路径。

电辅热设备直接把电能转换为热能，其能效表达式为：

$$Th_{EH} = \eta_{EH}P_{EH} \tag{3.37}$$

式中　η_{EH}——电辅热设备的电热转换效率；

　　　P_{EH}，Th_{EH}——电辅热设备消耗的电功率和输出的热功率。

3.1.7　海水淡化模型

选择采用反渗透海水淡化（Reverse Osmosis，RO）技术供应淡水。其卷式膜元件模型如下。

膜元件的基本方程见式（3.38）~式（3.45）。

$$J_w = A_{RO} \cdot [P_B - P_P - (\pi_M - \pi_P)] \tag{3.38}$$

$$J_s = B_{RO} \cdot (C_M - C_P) \tag{3.39}$$

式中　J_w——纯水的膜质量通量，kg/(m²·s)；

　　　J_s——盐分的膜质量通量，kg/(m²·s)；

　　　A_{RO}，B_{RO}——纯水透过因子和盐分透过因子，单位分别为 kg/(m²·s·Pa)、m/s；

　　　P——压力，Pa；

　　　C——盐度，kg/m³。

$$v_w = \frac{J_w + J_s}{\rho_P} \tag{3.40}$$

式中　v_w——经过膜的总容积通量，m/s；

　　　ρ_P——淡水密度，kg/m³。

$$C_P = C_{P0} + \frac{J_s}{v_w} \tag{3.41}$$

$$\frac{C_M - C_P}{C_B - C_P} = \phi = e^{v_w/k} \tag{3.42}$$

$$Q_P = Q_{P0} + v_w \cdot S_M \tag{3.43}$$

式中　Q_P——淡水侧容积流量，m^3/s；

　　　　S_M——该网格处的膜面积。

$$Q_B = Q_F - Q_P \tag{3.44}$$

$$C_B = (Q_F C_F - Q_P C_P)/Q_B \tag{3.45}$$

k 值的计算方法见式（3.46）：

$$Sh = \frac{k \cdot D_{eff}}{D_s} = 0.065 Re^{0.875} Sc^{0.25} \tag{3.46}$$

式中，雷诺数 $Re = \rho_B u_B D_{eff}/\mu_B$，施密特数 $Sc = \mu_B/(\rho_B D_s)$；$u_B = Q_B/A_{cs}$，A_{cs} 是进料空间通流面积，m^2；D_{eff} 是盐水流道的等效水力直径，m；D_s 为盐分在水中的扩散系数，m^2/s。

$$A_{cs} = n_{RO} \cdot W \cdot z \tag{3.47}$$

$$D_{eff} = \frac{4 \cdot W_{RO} z_{RO}}{2 \cdot (W_{RO} + z_{RO})} \approx 2z_{RO} \tag{3.48}$$

式中　n_{RO}——盐水流道的数量；

　　　　W_{RO}——盐水流道的宽度；

　　　　z_{RO}——盐水流道高度。

压降由式（3.49）计算：

$$P_B - P_{B0} = -\lambda \frac{\rho_B}{D_{eff}} \frac{u_B^2}{2} \cdot \Delta l \tag{3.49}$$

式中　λ——沿程损失系数；

　　　　Δl——控制容积轴向长度。

$$\lambda = K_\lambda \cdot 6.23 Re^{-0.3} \tag{3.50}$$

渗透压 π 如下：

$$\pi = cRT \tag{3.51}$$

式中，c 是溶质物质的量浓度，mol/m^3；盐度 $C = c \cdot M_{mol}$，kg/m^3。

海水淡化的渗透压经验公式见式（3.52）：

$$\pi = \begin{cases} 206.4(320 + T) \cdot C & C < 20 \ kg/m^3 \\ 206.34(320 + T) \cdot (1.17C - 3.4) & C \geqslant 20 \ kg/m^3 \end{cases} \tag{3.52}$$

盐水的动力黏度（Pa·s）见式（3.53）：

$$\mu_B = 1 \times 10^{-3} \times (0.14657 + 2.481 \times 10^{-4} \times C_B + 9.3287 \times$$
$$10^{-4} \times C_B^2) \times e^{-0.02008T} \tag{3.53}$$

质量扩散系数 $D_s(\text{m}^2/\text{s})$ 见式（3.54）：

$$D_s = (0.72598 + 0.023087T + 0.00027657T^2) \times 10^{-9} \tag{3.54}$$

盐水密度见式（3.55）：

$$\rho_B = 996.8 + C_B \tag{3.55}$$

回收率 R_{RO}、盐通率 SP_{RO} 表达式见式（3.56）：

$$R_{RO} = \frac{Q_P}{Q_F} \cdot 100\% \tag{3.56}$$

$$SP_{RO} = \frac{C_P}{C_F} \times 100\% = \frac{C_P}{(C_F + C_B)/2} \cdot 100\% \tag{3.57}$$

3.1.8　蓄热水箱模型

依据工程需要，将蓄热水箱模型进行了必要简化。储热模型见式（3.58）和式（3.59）：

$$Th_{TES}(t) = Th_{TES}(t-1) \times (1 - \varepsilon_h) + Th_{PVT}(t) +$$
$$Th_{EH}(t) + Th_{P2G}(t) - \frac{Th_{Load}(t)}{\eta_h} \tag{3.58}$$

$$\Delta Th_{TES}(t) = Th_{TES}(t) - Th_{TES}(t-1) \tag{3.59}$$

式中　ε_h——蓄热水箱自放热系数；

　　　η_h——热水供应效率。

3.1.9　储气模型

将准备卸载弃掉的电能利用 P2G 设备转换为天然气，不但能够减少能量的浪费，同时可长期存储，增加了能源的利用形式。天然气储气量 $V_g(t)$ 可由式（3.60）估算：

$$V_g(t) = \frac{M_g}{P_g \times \rho_g} \int_{t_1}^{t_2} \left(\frac{P_{P2G}(t)}{GHV} - m_g(t) \right) dt \tag{3.60}$$

式中，M_g 为储气罐余量系数，为了适应季节波动和初始储气，通常取值为 $1.25 \sim 3$；$P_{P2G}(t)$ 为 t 时刻用于制气的电量，kW；$m_g(t)$ 为 t 时刻天然气的消耗量，kg。

3.2　能源网络节点模型

3.2.1　建立有向加权能源网络

对于孤岛 DIES 这样的产能-转化-供能系统，其能量传输或流动方向往往是具有方向性的，即从各个源/储节点出发，通过中间的转化设备/装置向负荷节点的有向流动过程。因此要研究各种情形下这类有向能流网络的最优实时调度与能量管理策略，首先要建立一个有向网络。DIES 可以被抽象成一个带有 N 个节点和 K 条边的节点图 G。图 3.4 中，各能量转化设备（节点 7~10）的耗能包括实时用能负荷以及蓄存负荷，短箭头表示能量损失，虚线表示 PVT 产热服务于热用户。$\omega_{i,j}$ 表示从节点 i 流入节点 j 的能量值。$\vec{G}$ 可表示成一个 $N{\times}N$ 的邻接矩阵，表征能流方向。对于有向能流网络，当能量从节点 i 流入节点 j 时，邻接矩阵 $\vec{G}$ 中对应的元素为 $e_{i,j}=1$；当能量从节点 j 流入节点 i，在邻接矩阵 $\vec{G}$ 中 $e_{i,j}=-1$（蓄电池涉及能流的双向性）；如果节点 i 和 j 相连但不存在能量传递关系或者二者不相连，则对应的邻接矩阵元素 $e_{i,j}=e_{j,i}=0$。因此，邻接矩阵中的元素可以归纳为：

$$\vec{e}_{i,j}=\begin{cases}+1 & i\ 到\ j \\ -1 & j\ 到\ i \\ 0 & i=j \\ 0 & 无能量交换\end{cases} \tag{3.61}$$

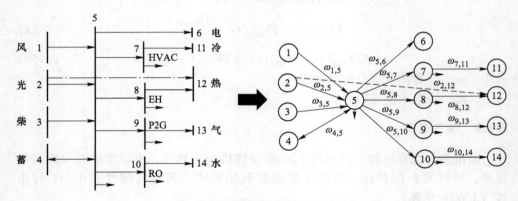

图 3.4　能源网络节点及连接点权图

3.2.2　网络中的"权"及其相关性

为了解决 DIES 设计优化与最优实时调度的问题，建立了一个能够系统中各个关键节点（供应设备、转化设备、用能以及储能设备等）之间耦合关系的网络矩阵（见图 3.5），以描述图 3.4 节点间能流交互关系。该矩阵可用于推演能源网络的静态特征以及实时动态特征。$\omega_{i,j}$ 表示从节点 i 流入节点 j 的能量，也称为连接 i 和 j 的边的边权。每个节点的入权和出权的差值为该节点处的能量损失值，如生产淡水时的能量折损。

$$\omega = \begin{bmatrix} 0 & 0 & 0 & 0 & 1 & 0 & 0 & 0 & 0 & 0 & 0 & 0 & 0 & 0 & 0 \\ 0 & 0 & 0 & 0 & 1 & 0 & 0 & 0 & 0 & 0 & 0 & 0 & 0 & 0 & 0 \\ 0 & 0 & 0 & 0 & 1 & 0 & 0 & 0 & 0 & 0 & 0 & 0 & 0 & 0 & 0 \\ 0 & 0 & 0 & 0 & 1 & 0 & 0 & 0 & 0 & 0 & 0 & 0 & 0 & 0 & 0 \\ 0 & 0 & 0 & -1 & 0 & 1 & 1 & 1 & 1 & 1 & 0 & 0 & 0 & 0 & 0 \\ 0 & 0 & 0 & 0 & 0 & 0 & 0 & 0 & 0 & 0 & 0 & 0 & 0 & 0 & 0 \\ 0 & 0 & 0 & 0 & 0 & 0 & 0 & 0 & 0 & 1 & 0 & 0 & 0 & 0 & 0 \\ 0 & 0 & 0 & 0 & 0 & 0 & 0 & 0 & 0 & 0 & 1 & 0 & 0 & 0 & 0 \\ 0 & 0 & 0 & 0 & 0 & 0 & 0 & 0 & 0 & 0 & 0 & 1 & 0 & 0 & 0 \\ 0 & 0 & 0 & 0 & 0 & 0 & 0 & 0 & 0 & 0 & 0 & 0 & 1 & 0 & 0 \\ 0 & 0 & 0 & 0 & 0 & 0 & 0 & 0 & 0 & 0 & 0 & 0 & 0 & 1 & 0 \\ 0 & 0 & 0 & 0 & 0 & 0 & 0 & 0 & 0 & 0 & 0 & 0 & 0 & 0 & 0 \\ 0 & 0 & 0 & 0 & 0 & 0 & 0 & 0 & 0 & 0 & 0 & 0 & 0 & 0 & 0 \\ 0 & 0 & 0 & 0 & 0 & 0 & 0 & 0 & 0 & 0 & 0 & 0 & 0 & 0 & 0 \\ 0 & 0 & 0 & 0 & 0 & 0 & 0 & 0 & 0 & 0 & 0 & 0 & 0 & 0 & 0 \end{bmatrix} \times \begin{bmatrix} 0 & 0 & 0 & 0 & \omega_{1,5} & 0 & 0 & 0 & 0 & 0 & 0 & 0 & 0 & 0 & 0 \\ 0 & 0 & 0 & 0 & \omega_{2,5} & 0 & 0 & 0 & 0 & 0 & 0 & \omega_{2,12} & 0 & 0 & 0 \\ 0 & 0 & 0 & 0 & \omega_{3,5} & 0 & 0 & 0 & 0 & 0 & 0 & 0 & 0 & 0 & 0 \\ 0 & 0 & 0 & 0 & \omega_{4,5} & 0 & 0 & 0 & 0 & 0 & 0 & 0 & 0 & 0 & 0 \\ 0 & 0 & 0 & \omega_{5,4} & 0 & \omega_{5,6} & \omega_{5,7} & \omega_{5,8} & \omega_{5,9} & \omega_{5,10} & 0 & 0 & 0 & 0 & 0 \\ 0 & 0 & 0 & 0 & 0 & 0 & 0 & 0 & 0 & 0 & 0 & 0 & 0 & 0 & 0 \\ 0 & 0 & 0 & 0 & 0 & 0 & 0 & 0 & 0 & 0 & \omega_{7,11} & 0 & 0 & 0 & 0 \\ 0 & 0 & 0 & 0 & 0 & 0 & 0 & 0 & 0 & 0 & 0 & \omega_{8,12} & 0 & 0 & 0 \\ 0 & 0 & 0 & 0 & 0 & 0 & 0 & 0 & 0 & 0 & 0 & 0 & \omega_{9,13} & 0 & 0 \\ 0 & 0 & 0 & 0 & 0 & 0 & 0 & 0 & 0 & 0 & 0 & 0 & 0 & \omega_{10,14} & 0 \\ 0 & 0 & 0 & 0 & 0 & 0 & 0 & 0 & 0 & 0 & 0 & 0 & 0 & 0 & 0 \\ 0 & 0 & 0 & 0 & 0 & 0 & 0 & 0 & 0 & 0 & 0 & 0 & 0 & 0 & 0 \\ 0 & 0 & 0 & 0 & 0 & 0 & 0 & 0 & 0 & 0 & 0 & 0 & 0 & 0 & 0 \\ 0 & 0 & 0 & 0 & 0 & 0 & 0 & 0 & 0 & 0 & 0 & 0 & 0 & 0 & 0 \\ 0 & 0 & 0 & 0 & 0 & 0 & 0 & 0 & 0 & 0 & 0 & 0 & 0 & 0 & 0 \end{bmatrix}$$

图 3.5 DIES 能流网络拓扑矩阵

对于节点 i，其点权为与其关联的边权之和，也称为点强度，定义见式（3.62）：

$$S_i = \sum_{j \in N_i} \omega_{i,j} \tag{3.62}$$

其中，N_i 表示节点 i 的邻点集合。

无权网络只能给出任意节点之间是否存在相互作用，体现不出关联作用的强弱。实际的 DIES 属于加权有向网络。偏好或削减设备间连接边权是 EMS 进行实时柔性调度管理与故障下恢复的重要手段。

特别地，与同一网络节点同向传输能量的各条边之间互称为"邻居边"。在图 3.4 中，$L_{1,5}$，$L_{2,5}$，$L_{3,5}$，$L_{4,5}$ 互为邻居边；$L_{5,6}$，$L_{5,7}$，$L_{5,8}$，$L_{5,9}$，$L_{5,10}$ 互为邻居边。互为邻居边时，各边承载的负荷即为边负荷，其亦属于边权范畴。假设 DIES 中任意两节点之间的负荷能力为 $C_{i,j}$，其与正常运行下的额定负荷 $L_{i,j}(0)$ 的关系为：

$$C_{i,j} = (1 + \alpha_l)L_{i,j}(0) \quad i,j = 1,2,\cdots,N \tag{3.63}$$

式中 α_l ——边权修正系数；

$L_{i,j}(0)$ ——节点 i 和节点 j 之间路径的初始负荷，即额定负荷；

$\alpha_l L_{i,j}(0)$ ——该路径边负荷的修正值。

权与权之间的相关性，对于系统网络设计与运行管理非常重要。如风电、光电实时发电量的相关性，涵盖着资源间的互补潜力信息。转化设备（如海水源热泵）出权与入权的相关性，反映着能量转化效率的实时变化特征；需求侧需求权与供应侧供应权的相关性，直接关系到各种能源需求的供应质量，即供能可靠性；负荷侧总点权与可再生能源总点权的相关性，将有助于寻求提高可再生能源利用率合理路径；各类资源的出权与各种负荷的入权的实时相关性以及邻居边权相关性，是指导能量调度策略的重要因素等。因此，在本章节的 3.3 节将以风-

光互补特性为例，建立适用于大规模不确定性的通用相关性模型。该相关性模型将用于后面的免疫调度模型中。

3.2.3　节点的"度"及其分布特征

3.2.3.1　节点的度

在能源网络中，节点 i 的邻居边数目 k_i 称为该节点的度。对能源网络中所有节点的度求平均，可得到平均度 $\langle k \rangle$：

$$\langle k \rangle = \frac{1}{N} \sum_{i=1}^{N} k_i \tag{3.64}$$

DIES 中，一个节点的度越大，该节点越重要。如 5 节点的度最大，在系统运行中，若遇到供能事故，应首先保护 5 节点的安全运行，采取隔离故障等措施。

3.2.3.2　度分布

节点的度是满足一定的概率分布的。随机抽取到度为 k 的节点的概率为 $P(k)$。大多数现实网络具有幂指数形式的度分布：$P(k) \propto k^{-\gamma}$。具有无标度特征。所谓无标度，是指概率分布函数 $F(x)$ 满足：

$$F(ax) = bF(x) \tag{3.65}$$

满足无标度条件的概率分布是如下的幂律分布函数（这里假定 $F(1)F'(1) \neq 0$）：

$$F(x) = F(1)x^{-\gamma}, \quad \gamma = -F(1)/F'(1) \tag{3.66}$$

幂律定律是唯一满足无标度条件的概率分布函数。本文在对 DIES 进行网络建模时，涉及了该节内容。

3.3　节点间权-权相关性模型

DIES 节点之间的权-权相关性研究，难点在于它们都存在不确定性和随机波动性。本节以中国风-光互补特性研究为例，提出建立节点间相关性模型的方法。中国东西跨度大、气候类型多样，气象参数服从的分布类型多样。因此，本书选择采用鲁棒性强的非参数核密度估计法求取风、光资源的边缘分布；然后，选择 Copula 函数作为二者的链接函数，构建了可定量描述风-光互补特性的联合概率分布模型，精确完整地刻画了相关结构，考察到不同变量间存在的密切关系，更好地确保了在此联合分布模型下求得的用以度量风-光互补特性的 Kendall 秩相关系数 τ 的准确性。

相关性模型建立流程如图 3.6 所示。首先采用非参数核密度估计法建立风、光资源的边缘分布概率模型，继而以 Frank-Copula 方法建立风-光联合分布模型，最后选择 Kendall 秩相关系数度量相关特性。

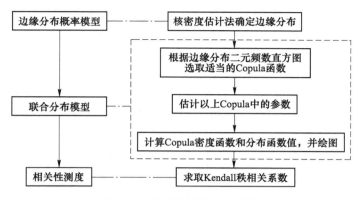

图 3.6 相关性模型建立流程

3.3.1 边缘分布概率模型

为验证通用相关性模型的正确性，选取了湖南株洲地区并研究其风-光互补特性。采用非参数核密度估计法，获取株洲风速、辐射照度的概率分布。站点的气象数据来源于《建筑用标准气象数据库》。该数据库对中国 360 个气象站的源数据进行了分析、整理和补充，形成了标准年气象数据，该气象数据记录时间为1971—2003 年，每天进行 24 次定时观测。

随机变量 x 的概率密度函数 $f(x)$ 的核密度估计为：

$$f_h(x) = \frac{1}{nh} \sum_{j=1}^{n} K\left(\frac{x - x_j}{h}\right) = \frac{1}{n} \sum_{j=1}^{n} K_h(x - x_j) \tag{3.67}$$

式中　n——样本容量；

　　　h——窗宽；

　　$K(x)$——核函数。

选择合适窗宽至关重要。式（3.68）为最佳窗宽表达式：

$$MISE(\hat{f}_h) = \mathrm{E}\left\{ \int [\hat{f}_h(x) - f(x)]^2 d_x \right\} \tag{3.68}$$

式中，$f(x)$ 为总体的真实分布密度，平均积分平方误差 $MISE$ 是关于窗宽 h 的函数。本书选取最佳窗宽下的 Gaussian 核函数，求取风、光资源的核密度估计。

3.3.2 联合分布模型

本书采用 Copula 函数构建风-光联合分布模型。

假设 $H(x, y)$ 为具有边缘分布 $F(x)$ 和 $G(y)$ 的联合分布函数，那么存在一个二元 Copula 函数 $C(u, v)$ 满足：

$$H(x, y) = C[F(x), G(y)] \tag{3.69}$$

分布函数 $H(x, y)$ 的密度函数为：

$$h(x,y) = c[F(x),G(y)]f(x)g(y) \tag{3.70}$$

$$c(u,v) = \frac{\partial^2 c(u,v)}{\partial u \partial v} \tag{3.71}$$

式中，$u = F(x)$，$v = G(y)$；$f(x)$、$g(y)$ 分别为 $F(x)$、$G(y)$ 的密度函数。

Frank Copula 函数可以描述变量间的正、负相关关系，普适性较强。它的分布函数和密度函数分别见式（3.72）和式（3.73）：

$$C_F(u,v;a) = -\frac{1}{a}\ln\left[1 + \frac{(e^{-au}-1)(e^{-av}-1)}{e^{-a}-1}\right] \tag{3.72}$$

$$c_F(u,v;a) = \frac{-a(e^{-a}-1)e^{-a(u+v)}}{[(e^{-a}-1)+(e^{-au}-1)(e^{-av}-1)]^2} \tag{3.73}$$

3.3.3　相关性测度

Kendall 秩相关系数和 Spearman 秩相关系数在非线性问题中，要优于 Pearson 线性相关系数。本书采用可描述正、负相关特性的 Kendall 秩相关系数来度量风-光互补特性。

Kendall 秩相关系数定义为：

$$\tau = P\{(x_i - x_j)(y_i - y_j) > 0\} - P\{(x_i - x_j)(y_i - y_j) < 0\} \tag{3.74}$$

其中，$\tau \in [-1, 1]$，$i \neq j$。P 表示事件发生的概率。若 $\tau > 0$，X、Y 正相关；若 $\tau < 0$，X、Y 负相关；若 $\tau = 0$，不能确定 X、Y 的相关关系。

τ 与 Frank Copula 相关参数 α 的关系为：

$$\tau = 1 + \frac{4}{\alpha}[D_k(\alpha) - 1] \tag{3.75}$$

其中

$$D_k(\alpha) = \frac{k}{\alpha^k} \int_0^\alpha \frac{t^k}{e^t - 1} d_t, k = 1 \tag{3.76}$$

3.3.4　案例

以株洲风-光互补特性研究为例，验证所提相关模型的准确性。将该地区的风速、辐射照度进行归一化处理。二者频率直方图和核密度估计图如图 3.7 和图 3.8 所示。

累积分布函数 $F(x)$ 为核密度估计 $f(x)$ 的积分。核密度估计的累积概率分布曲线与实际经验分布对比，如图 3.9 所示。

从图 3.7 和图 3.8 可以看出，采用核密度估计法得到的概率密度曲线与频率统计直方图基本吻合。从图 3.9 可以看出，采用核密度估计法得到的累积概率分布函数曲线与经验分布基本一致。

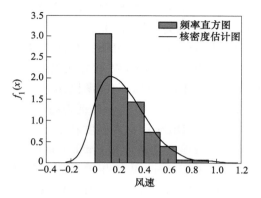

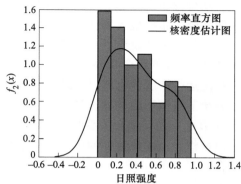

图 3.7 风速的频率直方图和核密度估计图
（最佳窗宽：0.0811）

图 3.8 太阳辐射的频率直方图和核密度估计图
（最佳窗宽：0.1461）

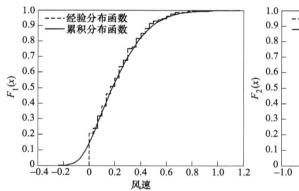

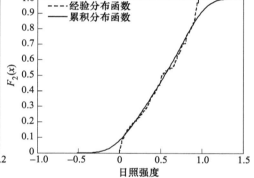

图 3.9 风速、日照的累积概率分布与经验分布曲线

风-光联合分布的密度函数、分布函数图如图 3.10 所示。

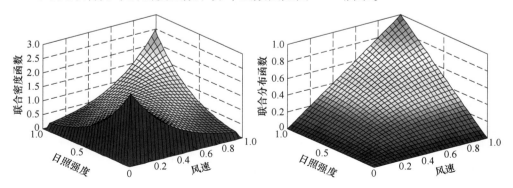

图 3.10 风-光联合分布的密度函数、分布函数图

联合分布模型与实际模型的平方欧式距离为 0.0185，二者接近程度较理想，说明联合分布模型效果良好。该案例中，Kendall 秩相关系数为 -0.2922。

首先，本章设计了一种适用于孤岛的梯级供能、储能的 DIES；其次，建立了孤岛 DIES 的数学模型、网络节点模型以及设备/子系统间权-权相关性模型，为系统运行调度优化奠定了理论基础。孤岛 DIES 属于加权有向能源网络，提出了系统节点模型的构建方法，建立了能够描述孤岛 DIES 中各个关键设备/子系统（节点）之间耦合关系的网络矩阵。另外，孤岛 DIES 具有无标度特征，幂律定律可作为描述该特征的概率分布函数。将非参数核密度估计和 Frank Copula 相结合，建立了 DIES 节点间的权-权相关性模型，并以 Kendall 秩相关系数对关键设备/子系统间连接权相关性进行度量。特别需要注意的是，偏好或削减设备/子系统间连接边权是进行实时柔性调度管理与故障下自愈的重要手段。

4 基于免疫网络的系统运行管理

在孤立地区，DIES 是当地建筑用能的唯一来源。因此，能源供应系统需要具备更高的运行可靠性和供能安全性。除拥有合理坚强的系统架构外，系统实时调度管理与自愈控制是孤岛 DIES 供能可靠性的重要保障。然而，可再生能源出力的随机波动性、储能设备能流双向性、多元化负荷的时空不确定性，使得系统运行方式日趋复杂多样，为实现实时运行管理与自愈控制带来挑战。

为解决以上问题，本书受 Jerne 免疫网络理论启发，在 Farmer 动态模型基础上引入 T 细胞协作因子，提出了适用于孤岛 DIES 实时 EMS 的 B-T-aiNet 调度模型。所提出的基于生物免疫网络机制的自愈策略（SH-IM）涵盖正常运行与故障情景。实现载体为考虑决策边界并以 B-T-aiNet 进行优化的模糊逻辑控制（FLC-DB-aiNet）。EMS 的结构为集中-分散（CC-MAS）控制。依据系统-设备双层状态转移的物理过程与特性，充分挖掘 DIES 可调控潜力及供能支撑作用，增强系统抗扰动性及自愈性，提升供能安全和经济运行水平。

4.1 基于免疫网络运行策略的理论与原理

4.1.1 孤岛 DIES 运行管理的挑战与需求

孤岛 DIES 运行管理的挑战如下。

（1）供给侧的不确定性：可再生能源的随机性、间歇性等特点，增大了 EMS 的复杂性和不确定性。

（2）负荷侧的多元性：多元化负荷具有柔性可控及双向互动等特征。该内扰将影响和威胁孤岛 DIES 安全可靠运行，同时也增大了实现自愈 EMS 的难度。

（3）地理位置的孤立性：作为孤岛地区建筑用能的唯一来源，DIES 的供能可靠性和供能质量要求大大提高。

（4）能流的复杂性：联供联需的能源系统结构，以及供需强互动特性，使得能流具有较高复杂性，为实时能流管理与优化带来挑战。

孤岛 DIES 运行管理的需求如下。

DIES 的运行管理是以正常情景下可靠供能、故障情景下尽可能少地损失供能负荷为目标，基于在线实时 EMS，应对系统各种内外扰动与冲击。在正常情况下，EMS 进行实时调度优化，使孤岛 DIES 更加可靠、高效、经济地运行。系统和设备处于较佳运行状态，以达到预防和保护的作用；故障情况下，最小化失负荷率，快速处理故障从而恢复正常供能。EMS 是保障 DIES 在不同情景下可靠运行的重要手段。EMS 的基本需求为快速、高效、自适应、全面协调。

　　针对以上需求，本书采用基于免疫网络的 EMS 实现 DIES 的运行优化。系统自愈是指 DIES 对于内外界扰动，具备自我预防和恢复的能力。自我预防是指在正常运行情景下，EMS 对 DIES 进行运行优化调度，保证供能的安全性和经济性；自我恢复是指 DIES 经受扰动时，进行故障隔离以及最大限度地恢复建筑供能。自愈策略使得 DIES 尽快从非正常运行状态转化为正常运行状态。自愈策略分别包括正常情形下的系统运行优化与实时调度策略，以及故障情形下的供能恢复策略。

4.1.2　基于免疫机制的能源系统自愈原理

4.1.2.1　生物免疫机制与 DIES 自愈过程

　　存在于生物体中的自愈系统为实际工程系统的自愈管理提供了灵感。免疫细胞的免疫应答过程如图 4.1 所示。

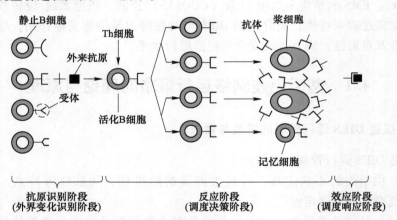

图 4.1　免疫细胞的免疫应答过程

　　免疫应答是指生物的免疫系统对抗原进行排除的生理过程。免疫细胞在识别阶段识别抗原；在反应阶段分泌出抗体；在效应阶段，抗体将抗原破坏或清除。同时，一部分免疫细胞分化为长期存在的记忆细胞。当该抗原再次侵入机体时，记忆细胞能够快速进行二次免疫应答。此过程不需要经历免疫细胞进化，能快速消灭抗原，即免疫系统对该抗原有了免疫力。通过有效的免疫应答，及时识别以及清除外界病菌，生物个体得以维护内环境的稳定。

　　同理，系统自愈是为了提高孤岛 DIES 应对外界变化的能力，从而提高运行可靠性与鲁棒性。自愈过程包括系统对外界变化识别阶段、调度决策阶段与调度响应阶段。图 4.2 为 DIES 的免疫自愈过程。将调度问题中环境状态与实时需求的变化视作抗原，具有自愈能量管理系统的能源系统与设备视作免疫细胞，调度行为决策视作抗体。当原有行动决策集可解决扰动时，确定最终调度行为决策，该过程视作系统的先天性免疫；当原有行动决策集不足以应对外界变化和扰动，难以维持系统良好运行状态时，更新应对策略，并扩充原有控制规则库。当该种扰动再次发生时，自愈系统能将其识别，快速响应。二次免疫应答不需要经历策略集的更新过程，因此发生得更加迅速和准确，能快速高效消除扰动，即自愈系统对该种扰动有了免疫力。DIES 通过有效的自愈管理与控制，及时识别以及应对内外界扰动，最终使得系统实现了稳定与可靠的运行。

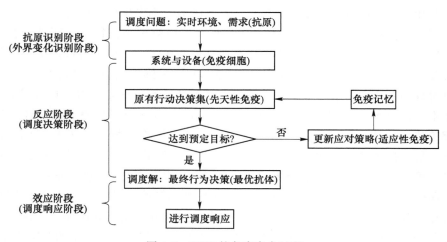

图 4.2 DIES 的免疫自愈过程

4.1.2.2 免疫网络理论与任务/能量分配之间的关系

抗体间、设备间的相互作用机制如图 4.3 所示。

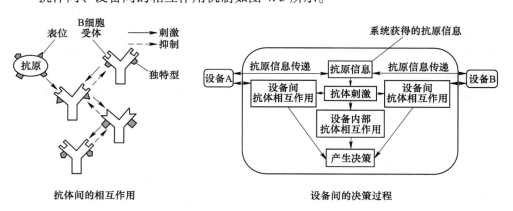

图 4.3 抗体间、设备间的相互作用机制

孤岛 DIES 属于联供联需系统，其存在如第 2 章所述的邻边，将会出现设备之间任务分配问题与能量分配问题。为实现 DIES 的协作控制，本书基于生物免疫网络模型提出一种免疫网络调度方法，以确定每个设备的最终行为决策。该方法主要应用于多个设备间的动态任务分配与多种负荷间的动态能量分配。

不同免疫细胞分泌的抗体间的相互作用如图 4.3 所示。免疫细胞的多样性使外来抗原能够被某个免疫细胞识别，即该免疫细胞受体的互补位与抗原表位匹配。这种匹配会刺激该免疫细胞。该免疫细胞受体上的独特型又被其他免疫细胞受体上的互补位识别，这种识别会抑制该免疫细胞。刺激和抑制的强度由互补位和表位间、互补位与独特型间的匹配程度决定，匹配程度越高，相互作用强度越强。若免疫细胞接收到的刺激达到某一水平阈值，则发生免疫应答。

同理，孤岛 DIES 中的每一个设备视作一个免疫细胞，每一个环境状态视作一个抗原，设备的行为决策视作抗体。当环境变化时，每个设备都产生一定的行为策略。设备（免疫细胞）间相互刺激或抑制，最终确定每个设备的行为决策。决策过程如图 4.3 所示。首先，设备收集任务（抗原）信息，包括自身感知信息以及由其他设备（邻居节点）传来的信息。设备由此获得抗原刺激。计算设备内部策略（抗体）间的作用，以及与其他设备中策略（抗体）的相互作用，由此获得每个抗体的刺激水平。然后，设备（免疫细胞）自动选择具有最高刺激水平的策略（抗体）来消除外界扰动（抗原），即为该设备选择合适的任务。

DIES 中的每个设备都独立决策，根据环境和策略（抗体）间相互作用来自动选择任务。当任务分配发生冲突时，设备通过相互作用来解决冲突，进行合理的任务分配。接下来将根据该原理为孤岛 DIES 建立基于免疫网络的调度模型。

4.2 B-T 免疫网络调度模型

1974 年，Jerne 提出了独特型免疫网络学说，他指出免疫系统中的细胞克隆不是独立的，而是一个相互联系的网络。这也是本书 EMS 调度模型所借鉴的关键所在。因为 DIES 中的各个设备元件也不是独立的，它们通过通信和中央控制器相互联系，形成了设备网络。

Jerne 的独特型免疫网络学说的基础是：（1）任何抗体分子和淋巴细胞的抗原识别部位上都存在着独特位；（2）抗原侵入机体内后，在 T 细胞调节下，选择最适合的 B 细胞分化并产生出抗体。在这些基础上最终构成一个动态平衡的网络。抗体通过抗原识别部位和独位间的识别与被识别彼此联系和制约，构成一个动态平衡的网路。从图 4.4 中可以看出，B 细胞 1 产生的抗体 1 首先通过抗原识别部位识别了抗原和 B 细胞 2 的抗体的独特位，受到激励，同时其抗体的独特位又被 B 细胞 3 产生的抗体的抗原识别部位所识别，因此受到抑制。另外，B 细胞

3 产生的抗体的抗原识别部位也识别了 B 细胞 4 产生的抗体的独特位，而受到激励。抗体间互相激励与抑制形成稳定的网络。1986 年，Farmer 根据 Jerne 的免疫网络理论建立了最为通用的免疫系统动态模型。本书在以上理论基础上，针对孤岛 DIES 任务/能量分配问题，提出了 EMS 实时调度反应阶段基于 B-T-aiNet 的决策优化方法，如图 4.5 所示。

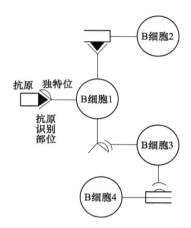

图 4.4　Jerne 独特型免疫网络

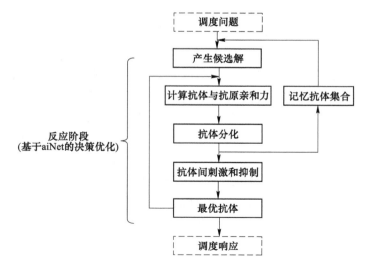

图 4.5　系统调度模型反应阶段的决策优化过程

免疫系统与综合能源系统的 EMS 类比关系见表 4.1。

表 4.1　免疫系统与综合能源系统的 EMS 类比关系

免疫系统	EMS
抗原	内外部变化（扰动）
免疫细胞	系统与设备
抗体	调度策略
先天性免疫	原有行动决策集
适应性免疫	更新应对策略集
最优抗体	最终行为决策（调度解）
抗原识别阶段	扰动识别阶段
反应阶段	调度决策阶段
抗原消除阶段	调度响应阶段
免疫 B 细胞	设备层分布式代理
免疫 T 细胞	系统层协同控制

DIES 基于 B-T-aiNet 的调度模型实现步骤如下。

步骤 1：给定孤岛 DIES 调度问题。

目标函数 ACS（Annual Cost of System）：

$$\min ACS = \min(C_{\text{FUEL}} + C_{\text{O\&M}}) \tag{4.1}$$

式中　ACS——DIES 年度运行成本；

　　C_{FUEL}——消耗燃料的费用；

　　$C_{\text{O\&M}}$——设备的运行维护费用。

等式约束：

$$P_{\text{RD}} + P_{\text{SWC}} + P_{\text{EH}} + P_{\text{Load}} + P_{\text{P2G}} + P_{\text{DS}} = P_{\text{PVT}} + P_{\text{WT}} + P_{\text{DG}} - \Delta P_{\text{bat}} \tag{4.2}$$

$$COP_{\text{SWC}}P_{\text{SWC}} = Q_{\text{CL}} \tag{4.3}$$

$$Th_{\text{Load}} = \eta_{\text{h}} \times (Th_{\text{PVT}} + Th_{\text{EH}} + Th_{\text{P2G}} - \Delta Th_{\text{TES}}) \tag{4.4}$$

不等式约束：

$$LESP \leqslant LESP_{\text{max}} \tag{4.5}$$

$$SOC_{\text{min}} \leqslant SOC \leqslant SOC_{\text{max}} \tag{4.6}$$

$$Th_{\text{TES}}^{\text{min}} \leqslant Th_{\text{TES}} \leqslant Th_{\text{TES}}^{\text{max}} \tag{4.7}$$

$$P_{\text{DGmin}} \leqslant P_{\text{DG}}(t) \leqslant P_{\text{DGmax}} \tag{4.8}$$

$$P_{\text{PVTmin}} \leqslant P_{\text{PVT}}(t) \leqslant P_{\text{PVTmax}} \tag{4.9}$$

$$P_{\text{WTmin}} \leqslant P_{\text{WT}}(t) \leqslant P_{\text{WTmax}} \tag{4.10}$$

$$P_{\text{DSmin}} \leqslant P_{\text{DS}}(t) \leqslant P_{\text{DSmax}} \tag{4.11}$$

$$Q_{\text{P2Gmin}} \leqslant Q_{\text{P2G}}(t) \leqslant Q_{\text{P2Gmax}} \tag{4.12}$$

步骤 2：由 EMS 中的记忆集合或经验产生候选解（抗体）。记忆集合中保存着以前成功解决问题的解，即设备以及系统层的最终行为决策。这相当于利用以前解决类似问题的解来初始化种群。

步骤 3：计算 DIES 调度决策与决策之间、调度决策与内外界扰动之间的亲和力。种群中两个调度决策（抗体）i 和 j 的亲和力 m_{ij} 为：

$$m_{ij} = \frac{\mu \eta_i \eta_j}{\lambda_1 M_i + \lambda_2 M_j} \qquad (4.13)$$

式中　　η_i，η_j——熵效；

　　　　μ——激励因子；

　　λ_1，λ_2——调整系数。

种群中某一调度决策（抗体）i 与内外界扰动（抗原）间的亲和力 $g_i(t)$ 为：

$$g_i(t) = k_\tau \tau_i(t) \qquad (4.14)$$

步骤 4：抗体分化。计算种群中每个调度决策（抗体）i 的浓度 a_i，即：

$$a_i(t) = \frac{1}{1 + \exp[0.5 - A_i(t)]} \qquad (4.15)$$

步骤 5：调度决策（抗体）间的刺激与抑制。

原始模型为 Farmer 根据 Jerne 的特异性免疫网络学说给出的免疫系统的动态模型：

$$\frac{\mathrm{d}A_i(t+1)}{\mathrm{d}t} = \left(\alpha_i \frac{\sum_{j=1}^{N} m_{ij} a_j(t)}{\sum_{j=1}^{N} m_{ij}} + \beta_i g_i(t) - k_i \right) a_i(t) \qquad (4.16)$$

式中　　$A_i(t)$——t 时刻抗体 i 的激励水平；

　　$a_i(t)$——t 时刻抗体 i 的浓度；

　　m_{ij}——抗体 i、j 之间的亲和系数或排斥系数；

　　α_i——抗体 i 对于其他抗体的交互作用率；

　　β_i——抗体 i 对抗原的交互作用率；

　　k_i——抗体 i 的自然死亡率；

　　$g_i(t)$——抗体 i 与抗原间的匹配率（抗原激励值）；

　　N——抗体数目。

本书模型：以上的 B-aiNet 模型中存在的问题是，当孤岛 DIES 的任务分配在设备间发生冲突和对抗时，最终调度解将随机选取部分行动决策。本书引入 T 细胞对 B 细胞网络的辅助集中决策作用，避免仅仅依靠设备之间的相互抑制和刺激作用进行分配与协作时陷入局部最优。考虑 T 细胞的全局协同作用（根据供需相关特性以及设备运行特性），引入新的 T 细胞协作因子 $C_i(t)$，建立了基于 B-T 免疫网络的调度模型（B-T-aiNet）。

$$A_i(t) = A_i(t-1) +$$

$$\left[\alpha_i \frac{\sum_{j=1}^{N} m_{ij} a_j(t-1)}{N} + \beta_i g_i(t-1) + c_i(t-1) - k_i \right] a_i(t-1) \quad (4.17)$$

$$c_i(t) = \gamma \frac{\eta_i(t)}{1 - g_i(t)} \quad (4.18)$$

本书 B-T-aiNet 调度模型中，t 时刻抗体 i 的激励水平 $A_i(t)$ 见式 (4.17)。不同的是，受干扰素启发加入了 T 细胞调节作用，体现在 $c_i(t)$，其为调节 B 细胞抗体浓度的 T 细胞浓度，见式 (4.18)。该因子本质为调度倾向于同情景下供需协同性好、运行效率高的设备（抗原）。γ 为 T 细胞与抗体 i 和抗原的交互作用率；$\eta_i(t)$ 为抗体 i 的运行效率；k_τ 为抗体 i 与抗原间相关特性的激励或抑制作用率；$\tau_i(t)$ 为抗体 i 与抗原间相关系数。此外，其他变量和原始模型含义相同。

步骤 6：选择浓度最大的调度决策（最优抗体）作为优化结果输出。

4.3   基于免疫网络的调度策略的实现

DIES 是一个高维时变的非线性系统。系统的运动轨迹反映了该系统维持稳定性的物理过程和运行特性。这里的运动轨迹可视作对外界变化的应答以及对设备间任务/能量动态分配的刺激与抑制作用的响应结果。显而易见，设备的最终行为决策不仅取决于系统所处环境状态，还取决于每个设备所处实时状态及其自身特有转化特性。因此，充分结合和利用 DIES 在动态过程中的物理特性，对于能源系统可靠运行更加有效，并更有实际应用意义。

实时调度策略的核心内容是实现系统运行的自适应性与相互协调性，即对外界变化的自适应性以及设备间的相互协调性。基于生物免疫机制的自愈策略，可提高最终行为决策对外界变化的自适应性与稳健性。实施该自愈策略的载体为考虑决策边界并以 B-T-aiNet 进行优化的模糊控制（FLC-DB-aiNet）。该种控制方式快速、高效，具有较强鲁棒性、扩容性以及实用性。控制策略规则表对决策边界进行了优化，充分体现系统与设备的实时状态、设备自身的转化特性以及所转化、存储能源的品质。能量管理系统的结构为集中-分散（CC-MAS）控制，为自愈系统提供了强大的支撑。调度中心控制（CC）建立了基于同步信息的集中控制系统。多代理（MAS）系统在关键设备处均设了控制其运行的代理。

本书策略可总结为：基于生物免疫机制的自愈策略（SH-IM），实现载体为考虑决策边界并以 B-T-aiNet 进行优化的模糊控制（FLC-DB-aiNet），能源管理系统的结构为集中-分散（CC-MAS）控制。

4.3.1 控制与管理结构

孤岛能源系统自稳自愈策略在实际工程中的有效应用，不仅取决于系统架构的坚强程度、调度策略的自适应性与协调性，而且很大程度上依赖于合理 EMS 结构。这将极大提升基于自愈 EMS 的快速感知与精准协调控制能力。

基于免疫网络模型的动态任务/能量分配如图 4.6 所示，本书采用集中-分散控制结构。以 DIES 动态任务分配问题为例进行说明。能源网络中包括 n 个节点（用 R 表示），每个节点代表一个设备，对应于免疫细胞。抗原对应于在外界变化下需要执行的任务。抗体（用 A 表示）由免疫细胞产生，表示设备能执行的任务。设备可执行的不同的任务表示为不同的抗体。

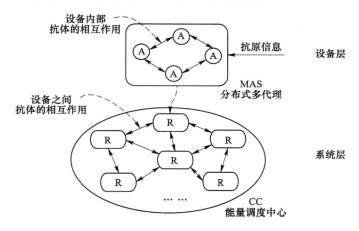

图 4.6 基于免疫网络模型的动态任务/能量分配

调度决策（抗体）间的相互作用分两种：（1）设备内部作用，即当设备能执行多种任务时，调度任务（抗体）间存在相互作用，行为决策（最优抗体）由各自的分布式代理（MAS）决定，为分散控制；（2）设备之间的外部作用，即不同设备需协作完成同一任务时，若任务分配发生冲突，这些设备的行为决策（最优抗体）将存在相互作用。此时，各设备的最终行为决策由中心控制系统（CC）决定。

DIES 的自愈控制架构分为调度层（涵盖对系统层、设备层的免疫调度）和物理层。调度层包括数据集成、数据挖掘分析与决策控制，体现了免疫应答的完整过程。物理层包括关键设备、分布式代理与进行协调管理的调度中心，体现了自愈系统的集中-分散控制结构。

4.3.2 免疫模糊控制的优化设计

对于具有非线性、强耦合等特性的复杂能源系统，FLC 在其实时控制与运行优化中有很多优势。FLC 规则库根据专家的知识或既有经验确定，具有很强的主观性。这给 FLC 设计带来了较大弊端，也容易降低 EMS 的控制性能。

生物免疫也是一种建立在先验知识上的优化方法。个体免疫系统通过建立抗体库和基因库，将其近期和长期以来在与病原体搏斗中获得的知识经验存储下来。免疫记忆能够有效缩短免疫应答时间。

以上两种方法天然同源。本书采用免疫网络模型改进并提高 FLC 实时控制性能。借鉴免疫机制，提出新的 B-T 免疫网络（B-T-aiNet）调度模型，同时结合先验知识与设备的转化运行特性，对决策学习与调度响应过程进行引导，能够获得较好的 DIES 优化运行管理与控制性能。

免疫 FLC 设计流程如图 4.7 所示，首先基于免疫网络以及决策边界建立并优化控制规则库；其次在实时控制中进行免疫调度并对规则库进行免疫记忆和更新，使得孤岛 DIES 运行越来越安全、稳定、健壮。

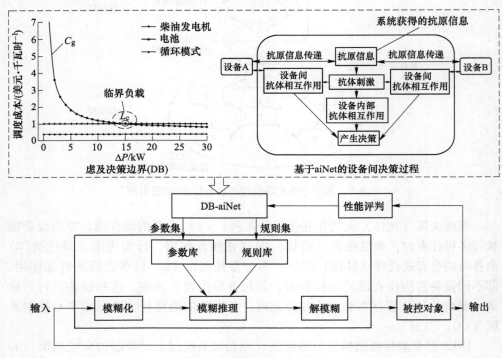

图 4.7　免疫 FLC 设计流程

本章提出了孤岛 DIES 基于生物免疫机制的自愈策略（SH-IM），实现载体为考虑决策边界并以 B-T-aiNet 进行优化的模糊逻辑控制（FLC-DB-aiNet）。EMS 为集中-分散（CC-MAS）控制结构。首先，分析了孤岛能源系统运行管理的挑战与需求；其次，在动态免疫网络模型基础上引入 T 细胞协作因子，提出了适用于孤立地区能源系统的 EMS，建立了基于 B-T 细胞的免疫网络调度模型；最后，对实时模糊控制进行了免疫优化设计。孤岛 DIES 的 EMS 基本需求是可以快速、高效、自适应、全面协调地应对外界变化，具备自我预防、自我恢复的能力。在正常情况下，使得系统和设备处于较佳运行状态，以达到预防和保护的作用；故障情况下，能够维持连续运行、快速处理故障并恢复正常供能。引入 T 细胞协作因子 $C_i(t)$，建立了基于 B-T 免疫网络调度模型。由于 B-T-aiNet 引入了 T 细胞辅助机制，其在集中控制中发挥了全局权衡作用，减小了系统调度解陷入局部最优的可能性，提高了决策解的质量，即提高了 EMS 决策能力以及协作能力，更好地实现了 DIES 全局协同优化；此外，B-T-aiNet 的集散决策机制在实现遍历决策的同时，降低了重复决策率，提高了 EMS 的决策效率，即提高了 EMS 的实时性。综上，B-T-aiNet 可实现更优更快的 DIES 运行调度，以更好地应对内外界扰动，保障供能安全性。将 FLC 与 B-T-aiNet 有机结合，对决策学习与调度响应过程进行引导，能够获得较好的对 DIES 的优化运行管理与控制性能。在 FLC 优化过程中，将自主学习与经验引导有机结合，充分发挥两者的长处，将有助于减少学习的盲目性，使得最优控制的寻优过程更加快速准确。

5 基于考虑模糊逻辑决策边界的源侧任务分配策略

成本控制和能量管理是制约用于建筑供能的孤立 DIES 发展的重要因素。风、光、柴、蓄作为供应侧并行能源，四者互为邻边。源侧能流管理的关键在于如何快速有效地实现邻边之间供能任务的柔性分配。传统的实时启停策略无法协调和兼顾影响系统的各个设备的运行性能，故而无法柔性分配净负载。双层协调控制在实时性和精度上存在先天不足。

针对这些问题，本章提出了一种考虑决策边界的基于模糊逻辑的柔性任务分配策略。依据主控设备的实际运行特性，优化决策边界，进而得到了更加客观的两阶段模糊控制方法。综合考虑实时供能缺口与蓄/柴状态，决定不同情形下蓄电池和柴油机的供能任务分配，实现能量最佳流动，降低系统运行成本，提高供能可靠性。对影响决策边界的不确定因素做了敏感性分析，并对未来情景下决策边界的变化趋势做了预测。通过在某孤岛上的典型 DIES 验证了决策边界在实时调度中的有效性和优越性。考虑决策边界的运行控制系统以更低的成本实现了更为可靠的实时能源供应。

5.1 简化系统描述

5.1.1 系统结构

能源系统拓扑结构如图 5.1（a）所示，将需求侧简化为建筑用户。供应侧包含风电和光电两种类型的可再生能源。柴油发电机与蓄电池组成辅助电源部分。蓄电池作为储能元件，柴油发电机作为应急的备用电源。此外，系统中含有逆变器、能量管理控制器以及其他附属设备和电缆。系统控制采用集中分散式的混合结构。虚线为柴油发电机和蓄电池两个分布式控制器的控制信号。图 5.1（b）为能源网络节点及点权图。

5.1.2 能流管理与任务分配过程

系统控制信号流和能流分配过程如图 5.2 所示。净负载 $\Delta P(t)$ 代表可用风电、光电之和 $P_{RE}(t)$ 与设备能耗 $P_L(t)$ 之间的差异。$P_{RE}(t)$ 为 $P_{PV}(t)$ 与 $P_W(t)$ 之和。该系统优先利用可再生发电量。当风、光资源丰富时，在满足负载

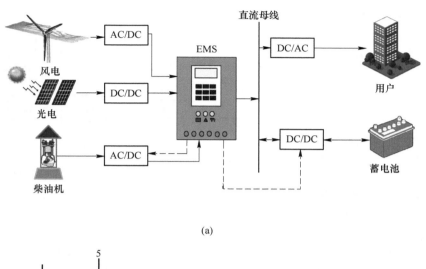

(a)

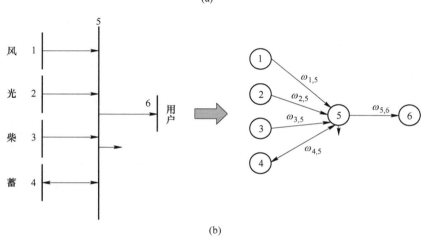

(b)

图 5.1　简化能源系统结构及网络节点模型

（a）系统拓扑结构；（b）能源网络节点及点权图

需求之后产生的电力将被供给蓄能设备以供下次使用。相反，当能源较差时，则存在净负载。由控制器 1 分配蓄电池需要承担的部分。余下的二级供能缺口由柴油机补足，补足量与柴油机对蓄电池的充电情况由控制器 2 判断和控制。Fuzzy1 输入是蓄电池上一时刻末的蓄电状态 $SOC(t-1)$ 和净负载 $\Delta P(t)$，输出是对基本 FP 调度策略中蓄电池充放电指令的修正因子 K_{bat}，它的取值范围为 [0，1]。当净负载 $\Delta P(t) \leqslant 0$ 时，K_{bat} 为蓄电池充电量与可再生能源发电盈余电量的比值；当净负载 $\Delta P(t) > 0$ 时，K_{bat} 为蓄电池放电量与净负载的比值，即蓄电池分配的净负载的比例。Fuzzy2 输入是经过蓄电池 t 时刻充放电后的中间蓄电状态 $SOC(t)'$ 与二级供能缺口 $\Delta P(t)'$，输出是 $P_{\mathrm{DG}}(t)$。各变量的计算公式见式

（5.1）~式（5.4）。

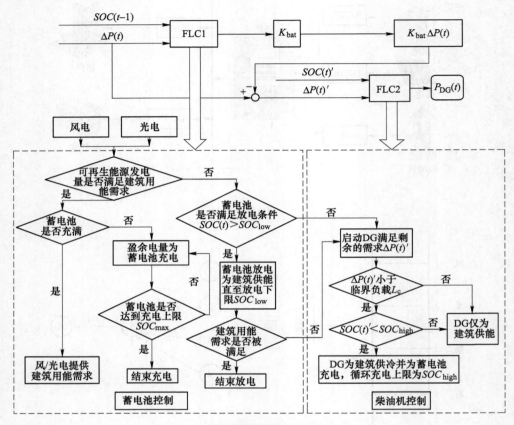

图 5.2　系统控制信号流和能流分配过程

$$\Delta P(t) = P_{\mathrm{L}}(t) - P_{\mathrm{RE}}(t) \tag{5.1}$$

$$SOC(t) = \frac{P_{\mathrm{bat}}(t-1) + K_{\mathrm{bat}}[P_{\mathrm{RE}}(t) - P_{\mathrm{L}}(t)] + P_{\mathrm{DG}}(t) - (1 - K_{\mathrm{bat}})[P_{\mathrm{L}}(t) - P_{\mathrm{RE}}(t)]}{P_{\mathrm{e}}} \tag{5.2}$$

$$SOC(t)' = \frac{P_{\mathrm{bat}}(t-1) + K_{\mathrm{bat}}[P_{\mathrm{RE}}(t) - P_{\mathrm{L}}(t)]}{P_{\mathrm{e}}} \tag{5.3}$$

$$\Delta P(t)' = (1 - K_{\mathrm{bat}})[P_{\mathrm{L}}(t) - P_{\mathrm{RE}}(t)] \tag{5.4}$$

能流分配过程如下。

首先获取当前时刻蓄能设备的 $SOC(t)$ 和净负载 $\Delta P(t)$。当净负载 $\Delta P(t) \leqslant 0$ 时，使用可再生能源为建筑供能，当满足用能需求时，停止使用可再生能源供电，将剩余的可再生能源能量为蓄能设备充电，在充电过程中控制蓄能设备电量不超过其本身限定的最大蓄电状态 SOC_{max}；当 $\Delta P(t) > 0$ 且蓄能设备的蓄电状态

为 $SOC(t)>SOC_{low}$，使用蓄能设备为供能系统供电，当满足供能系统净负载需求或者蓄能设备的蓄电状态为 SOC_{low} 时，停止为能源系统供电，得到蓄能设备在该供电过程中的放电量和经过供电后的状态 $SOC(t)'$；基于放电量判断是否存在二级供能缺口 $\Delta P(t)'$，若 $\Delta P(t)' \leqslant 0$，柴油机不启动；若 $0<\Delta P(t)' \leqslant L_c$，且蓄能设备放电后的蓄电状态 $SOC(t)'<SOC_{high}$ 时，启动柴油机为供能系统供电，当满足供能系统 $\Delta P(t)'$ 时，将柴油机剩余电量为蓄能设备充电，在循环充电过程中控制蓄电池状态不超过 SOC_{high}；当 $\Delta P(t)'>L_c$ 时，直接启动柴油机补足 $\Delta P(t)'$，不对蓄电池进行循环充电。特别地，当柴油机的运行费用与蓄能设备的调度成本存在交集时，净负载 $\Delta P(t)$ 存在临界负载 L_d。当 $0<\Delta P(t) \leqslant L_d$ 时，使用蓄能设备为供能系统供电；当 $\Delta P(t)>L_d$ 时，启动柴油机为供能系统供电。此外，SOC_{low} 为电池的放电下限，SOC_{high} 为电池的循环充电上限；L_c 是决定柴油机是否对蓄电池进行循环充电的临界负载。L_d 是确定柴油机和蓄电池在任务分配中调度优先级的临界负载。

依据供需差异以及能流方向将系统运行状态划分为以下 21 种模式，见表5.1。一般可分为五种情形：风、光充裕模式下，资源丰富，仅由可再生能源发电即可覆盖负载；电量消耗模式下，仅蓄电池放电补足净负载；柴蓄分配模式下，柴蓄共同承担净负载；循环充电模式下，柴油机补足供能缺口且对蓄电池组充电；应急模式下，风、光、蓄电池总电量较少，净负荷很大，几乎全部由柴油机供应。

表 5.1　系统运行模式

情景	模式	涉及能量来源
风、光充裕	Mode1	风电/光电
	Mode2	风电
	Mode3	光电
电量消耗	Mode4	风电/光电/蓄电池
	Mode5	风电/蓄电池
	Mode6	光电/蓄电池
	Mode7	蓄电池
柴蓄分配	Mode8	风电/光电/蓄电池/柴油机
	Mode9	风电/蓄电池/柴油机
	Mode10	光电/蓄电池/柴油机
	Mode11	蓄电池/柴油机
循环充电	Mode12	风电/光电/蓄电池/柴油机（柴→蓄）
	Mode13	风电/光电/柴油机（柴→蓄）

情景	模式	涉及能量来源
循环充电	Mode14	风电/柴油机（柴→蓄）
	Mode15	光电/柴油机（柴→蓄）
	Mode16	蓄电池/柴油机（柴→蓄）
	Mode17	柴油机（柴→蓄）
应急	Mode18	柴油机
	Mode19	风电/柴油机
	Mode20	光电/柴油机
	Mode21	风电/光电/柴油机

如何利用最优决策边界对任务进行合理有效的分配，以达到最佳的能源利用效率和成本控制，是设计基于模糊控制的 EMS 的关键。

5.2　任务分配方法

作为提出的策略中最重要的部分，决策边界首先被着重讨论。接下来设计了新的 EMS。为了验证所提方法的有效性和优越性，本书以某一孤岛上的典型 DIES 为例进行了研究。最后通过三个指标对系统的运行性能进行了评价。

5.2.1　决策边界

在所提出的能量流动分配策略中，控制规则库决定不同场景下的调度策略。其制定过程除依据专家系统的经验知识外，更为关键的是需要根据设备的实际运行特性对决策边界进行讨论、计算与优化。

5.2.1.1　设备运行特性与成本

这部分介绍了设备的运行特性和成本，将用于之后寻找最优决策边界。孤岛 DIES 源侧的可控性较强的能量来源于蓄电池和柴油机。可控成本包括电池、柴油机的运行成本和蓄电池循环充电模式下的能量成本。

A　蓄电池运行成本

蓄电池的循环寿命采用蓄电池失效循环次数来表示。蓄电池失效循环次数 N_c 与放电深度（Depth of Discharge，DOD）的关系如图 5.3 所示。

对某一放电深度 DOD，其等效的最大循环次数为

$$N_c = a_1 + a_2 e^{a_3 DOD} - a_4 e^{a_5 DOD} \cdots \tag{5.5}$$

其中，a_1，a_2，$\cdots$，a_5，$\cdots$ 为蓄电池的特征参数。当该式取前两项时可以得到较好的效果，分别取为 $a_1 = 1789$，$a_2 = 1.573 \times 10^4$，$a_3 = -4.038$。

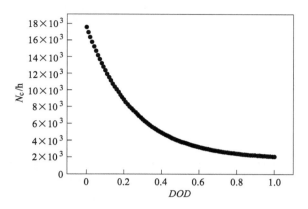

图 5.3 蓄电池最大循环次数与放电深度 DOD 的关系

则蓄电池第 j 次被调度的寿命损耗成本为:

$$C_j = \frac{C_{\text{initial-bat}}}{N_c} \tag{5.6}$$

其中,$C_{\text{initial-bat}}$ 为蓄电池购买价格。SOC 越小,放电深度 DOD 越深,蓄电池可循环次数 N_c 越少,则 C_j 越大,即能量经过蓄电池充放循环一次所需费用越大。一个调度周期内,蓄电池的调度成本(美元/千瓦时)为:

$$C_{\text{bw}} = \frac{\sum_{j=0}^{N_T} C_j}{\sum_{j=0}^{N_T} |\Delta P_{\text{bat}j}|} \tag{5.7}$$

式中 N_T——调度周期内蓄电池充放电次数;

$\Delta P_{\text{bat}j}$——第 j 次蓄电池放电量。

B 柴油机运行成本

柴油发电机运行成本包括燃料成本和折旧费。柴油机燃料消耗 $D_f(t)(L/h)$ 可被描述为:

$$D_f(t) = \alpha_D P_{DG}(t) + \beta_D \times P_{Dr} \tag{5.8}$$

故而,柴油机发出 1 k·Wh 电能的油耗费用(美元/千瓦时)为:

$$C_g = \frac{D_f(t)C_f}{P_{DG}} = C_f\left(\alpha_{DG} + \frac{\beta_{DG} \times P_{Dr}}{P_{DG}}\right) \tag{5.9}$$

其中,$C_f = 9.00$ 美元/加仑,即 2.38 美元/升。这是由于柴油在偏远孤立地区的稀缺性。C_g 随负载的变化曲线如图 5.4 所示。

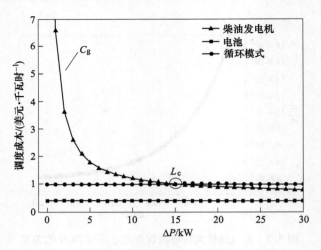

图 5.4　调度成本与临界负载

柴油机寿命一般为 20000 h，故机器折损费（美元/千瓦时）为：

$$C_{\text{Dw}} = \frac{\dfrac{M_{\text{T}}}{20000}C_{\text{initial-DG}}}{\displaystyle\sum_{t=0}^{M_{\text{T}}} P_{\text{DG}}(t)} \tag{5.10}$$

式中　M_{T}——调度周期内柴油机运行小时数；

　　$C_{\text{initial-DG}}$——柴油机购买价格。

C　循环充电成本

本节考虑循环充电的经济性。柴油机为蓄电池循环充电额外付出的每千瓦时电能的费用 C_{a}（美元/千瓦时）为：

$$C_{\text{a}} = \frac{\alpha_{\text{DG}} C_{\text{f}}}{\eta} \tag{5.11}$$

式中　η——蓄电池充放电效率。

循环能量费用 C_{cycle}（美元/千瓦时）为 C_{a} 与 C_{bw} 的和：

$$C_{\text{cycle}} = C_{\text{bw}} + C_{\text{a}} \tag{5.12}$$

决策边界包括临界负载和蓄电池的最佳运行区间。它们直接关系到在不同情形下调度策略的选择。

5.2.1.2　临界负载的确定

A　FLC1 的临界负载 L_{d}

如图 5.4 所示，柴油机运行成本曲线与蓄电池的运行成本曲线的交点所对应的临界负载 L_{d}，是 FLC1 的决策边界之一。当净负载 $\Delta P(t) > L_{\text{d}}$ 时，柴油机运行成本较蓄电池运行成本要小。此时，调度柴油机组发出的电能更经济。相反，当净负载小于临界负载，即 $\Delta P(t) < L_d$ 时，蓄电池的运行成本比柴油机的运行成本小，使用蓄电池的能量更为经济。

L_d 的确定。

当 $\Delta P(t) = L_d$ 时，有：

$$C_g + C_{Dw} = C_{bw} \tag{5.13}$$

$$C_f \left(\alpha_{DG} + \frac{\beta_{DG} \times P_{Dr}}{L_d} \right) + C_{Dw} = C_{bw} \tag{5.14}$$

即：

$$\frac{L_d}{P_{Dr}} = \frac{\beta_{DG} C_f}{C_{bw} - C_{Dw} - C_f \alpha_{DG}} \tag{5.15}$$

式中 P_{Dr}——柴油机额定功率。

B FLC2 的临界负载 L_c

循环充电模式能量费用与柴油机运行成本的交点所对应的功率值，即为 EMS 切换循环充电模式的参考临界负载 L_c（见图 5.4），是 FLC2 的决策边界之一。当二级供能缺口 $\Delta P(t)'$ 小于 L_c 时，循环充电策略将更加经济。当二级供能缺口 $\Delta P(t)'$ 大于 L_c 时，启动柴油机直接提供能量追踪负载。柴油机有时运行在较大功率点下，不仅需要补足二级供能缺口，且剩余的能量将为蓄电池充电。如此是为了在提高柴油机燃料效率的同时，减少柴油机的启动频率。弊端是，对蓄电池本身的损耗缩短了蓄电池的寿命。

L_c 的确定。

当 $\Delta P(t)' = L_c$ 时，有：

$$C_g + 2C_{Dw} = C_{Dw} + C_{bw} + C_a \tag{5.16}$$

$$C_f \left(\alpha_{DG} + \frac{\beta_{DG} \times P_{Dr}}{L_c} \right) = C_{bw} - C_{Dw} + \frac{\alpha_{DG} C_f}{\eta} \tag{5.17}$$

即：

$$\frac{L_c}{P_{Dr}} = \frac{\beta_D C_f}{C_{bw} - C_{Dw} + \alpha_D C_f \left(\frac{1}{\eta} - 1 \right)} \tag{5.18}$$

5.2.1.3 蓄电池最佳运行区间

由式（5.6）与式（5.7）可以看出，蓄电池运行成本与 DOD 成正比。而 $SOC = 1 - DOD$，所以 SOC 与蓄电池运行成本成反比。除自然资源条件良好的情景下，维持 SOC 在较高区间需要付出柴油机燃料消耗。FLC1 蓄电池放电下限

SOC_{low} 和 FLC2 循环充电上限 SOC_{high} 直接影响了年运行成本。在基础策略中，蓄电池运行区间取决于过充过放保护的技术上下限，为 $[SOC_{min}, SOC_{max}]$。一般为 0.1～0.9。本书所提策略中，风光充裕情景下，蓄电池运行区间为 $[SOC_{low}, SOC_{max}]$。其他情景下，$[SOC_{low}, SOC_{high}]$ 为最佳运行区间，如图 5.5 所示。通过优化算法寻得其为 $[0.55, 0.75]$，如图 5.6 所示。

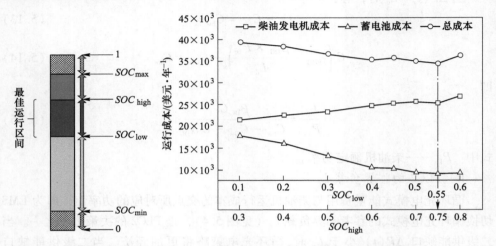

图 5.5　蓄电池运行区间　　　　图 5.6　不同运行区间下年度运行成本

5.2.2　模糊控制器设计

模糊控制系统的控制器 FLC1、FLC2 均为双输入单输出结构。借助 MATLAB/Simulink 的 FLC 工具箱进行设计与优化。

5.2.2.1　隶属度函数

通常在输入较大的区域内采用低分辨率曲线，在输入较小或接近零时的区域内采用高分辨率曲线。依据运行测试数据和理论分析设定了净负载、SOC 等变量的隶属度函数，如图 5.7 所示。

5.2.2.2　规则库的建立

依据 5.2.1 节对决策边界的讨论，该节制定并优化了 FLC1 和 FLC2 的控制规则库。FLC 1 通过修正蓄电池的原始充放电指令，对净负载进行柔性分配。其控制策略如下：

（1）当 $SOC(t)$ 适中（0.55～0.75）时，蓄电池按指令正常充放电；

（2）当 $SOC(t)$ 偏小（0.1～0.55）且准备放电、$SOC(t)$ 偏大（0.75～0.9）且准备充电时，基于模糊理论对其蓄电池进行控制，输出修正系数 K_{bat}，进而计算修正后的蓄电池充放电功率。

FLC1 的规则库见表 5.2。

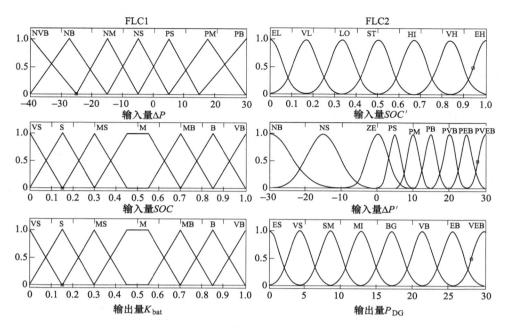

图 5.7 各变量隶属度函数

表 5.2 FLC1 的规则库

$\Delta P(t)$	K_{bat}						
	$SOC=\text{VS}$	$SOC=\text{S}$	$SOC=\text{MS}$	$SOC=\text{M}$	$SOC=\text{MB}$	$SOC=\text{B}$	$SOC=\text{VB}$
NVB	VB	B	MB	M	MS	VS	VS
NB	VB	VB	VB	MB	M	S	VS
NM	VB	VB	VB	VB	MB	S	VS
NS	VB	VB	VB	VB	VB	MS	VS
PS	VS	VS	VS	VS	MB	VB	VB
PM	VS	VS	VS	VS	MS	M	MB
PB	VS	VS	VS	VS	MS	M	MB

　　修正后的蓄电池放电指令与原始放电指令的差值即剩余的供能缺口 $\Delta P(t)'$（二级供能缺口）将由柴油机承担。FLC2 控制目的在于使得柴油机运行在效率较高状态并尽量维持蓄电池 SOC 值在较佳范围以更好地应对下一次充放电。其控制策略如下：

　　（1）二级供能缺口 $\Delta P(t)'$ 小于等于0，即能量有盈余或者无供能缺口时，柴油发电机不启动；

（2）二级供能缺口 $\Delta P(t)'$ 为 $0\sim15$ 且 $SOC(t)'<75\%$ 时，启动柴油发电机补足供能缺口，并为蓄电池充电，但 SOC 不得大于 75%；

（3）二级供能缺口 $\Delta P(t)'$ 为 $0\sim15$ 且 $SOC(t)'>75\%$ 时，启动柴油发电机补足供能缺口；

（4）二级供能缺口 $\Delta P(t)'$ 为 $15\sim30$ 时，启动柴油发电机跟踪二级供能缺口。

FLC2 的规则库见表 5.3。

表 5.3　FLC2 的规则库

$\Delta P(t)'$	P_{DG}						
	$SOC'=$EL	$SOC'=$VL	$SOC'=$LO	$SOC'=$ST	$SOC'=$HI	$SOC'=$VH	$SOC'=$EH
NB	ES	ES	ES	ES	ES	ES	ES
NS	ES	ES	ES	ES	ES	ES	ES
ZE	ES	ES	ES	ES	ES	ES	ES
PS	VEB	VEB	EB	BG	SM	ES	ES
PM	VEB	VEB	VEB	VB	MI	SM	ES
PB	VEB	VEB	VEB	EB	BG	SM	ES
PVB	VB	VB	VB	VB	VB	MI	SM
PEB	EB	EB	EB	EB	EB	BG	MI
PVEB	VEB	VEB	VEB	VEB	VEB	EB	BG

控制器 FLC1、FLC2 的三维曲面图形如图 5.8 所示。

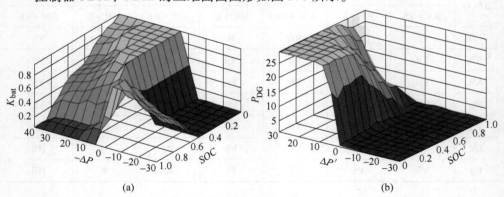

图 5.8　控制器的三维曲面图
（a）FLC1；（b）FLC2

5.2.3　案例研究

为了评估该策略的性能，将所提出的方法与其他方法进行了比较。每种方法之间的区别在于如何对电池和柴油机进行任务分配和能量调度。第一种方法即固定优先级（FP）是基本策略，调度不使用模糊控制。与 Bahramirad 和 Camm 的研究相似，首先由电池满足净负载。在达到放电下限后启动柴油机。第二种方法是双层协调控制（DLCC）。第一层基于预测数据借助线性规划或智能算法，负责制定日前经济运行计划。第二层基于实时运行数据调整调度计划并供能。两者之间的任何不足都将由蓄存的能量补足。第三种方法是不考虑决策边界的模糊控制（FLC-NDB），这与 Chaouachi 等人的研究相似。主控单元的功率输出由 FLC 控制，但没有对决策边界进行讨论和优化。第四种方法（FLC-DB）是本书提出的考虑决策边界的模糊控制。

在 MATLAB/Simulink 平台上测试和验证了四种调度控制策略。该建筑是一个位于低纬度岛屿的住宅，面积为 3600 m²。该地区风、光资源丰富。平均辐射为 378.95 W/m²，属于太阳能富集区。处于亚洲东南部季风盛行地带，属热带季风气候。风能稳定，有效风（3~20 m/s）小时数 7181 h。年平均气温和年平均海温都大于 27 ℃。全年最大冷负荷 51.85 W/m²，平均冷负荷17.68 W/m²，比华北地区高约 60%。系统配置信息见表 5.4，系统仿真图如图 5.9 所示。

表 5.4 示例系统源侧部件的特征参数和容量

光　　电		风　　电	
工作电压	37.6 V	切入风速	2.5 m/s
工作电流	8.38 A	切出风速	15 m/s
开路电压	46.1 V	额定风速	8 m/s
短路电流	8.87 A	容量	1 kW
容量	315 W	数量	25
数量	55		
蓄　电　池		柴　油　机	
容量	10 kW	容量	10 kW
数量	5	数量	3

5.2.4　评价指标

该案例中，DIES 是为了满足建筑用能需求。对不同类型的 EMS 进行了比较和研究，以实现最优的能量管理和系统运行。以下三个指标用于评价系统的性能。

（1）蓄电状态。SOC 是电池剩余容量与额定容量的比，定义见式（5.2）。

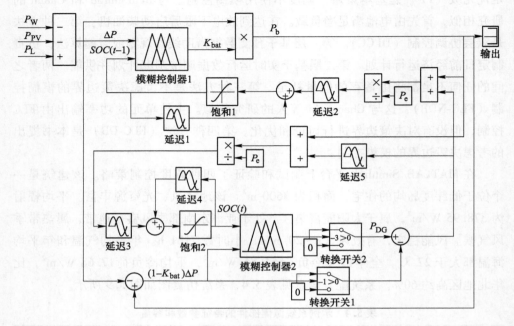

图 5.9　系统仿真图

它应该被维持在较优区间。

（2）经济性。年度总运行成本 ACS 是系统运行成本的总和。它直接反映了系统运行的经济性。

$$ACS = \sum_{j=0}^{N_T} C_j + \sum_{j=0}^{M_T} \left[C_f(\alpha_D P_{DG}(t) + \beta_D \times P_{Dr}) + C_{Dw} \right] \qquad (5.19)$$

（3）可靠性。失负荷率（$LESP$）是指建筑出现能源供应不足的概率。更小的 $LESP$ 有利于确保更好的系统安全性。

$$LESP = \sum_{t=1}^{T} LES \Big/ \sum_{t=1}^{T} P_L \qquad (5.20)$$

其中

$$LES = P_L - (P_{PV} + P_{WT} + P_{DG} + P_{bat}) \qquad (5.21)$$

5.3　结果与讨论

本节将考虑和讨论以上四种能源分配与调度策略。表 5.5 详细总结了不同调度策略性能的对比特点。比较了全年运行的计算时间。同一周期内的仿真运算时间可反映控制器的响应速度和计算成本。EMS 性能反映了控制的准确性。

表 5.5　不同调度策略性能对比

策略	EMS 方法	分配类型	适用范围	计算时间/s	EMS 性能
启停策略	FP	非柔性	离线/实时 EMS	$1.2×10^3$	一般
双层协调控制	LP/IA+修正	柔性	离线 EMS	$7.5×10^4$	可接受
启发式规则	FLC-NDB	柔性	离线/实时 EMS	$1.5×10^3$	较好
考虑决策 边界的 FLC	FLC-DB	柔性	离线/实时 EMS	$1.5×10^3$	近优

固定优先级（FP），属于传统的启停策略，不能协调兼顾各部件特性以实现能流的柔性分配。其年度结果的计算时间为 $1.2×10^3$ s，说明 EMS 响应速度快。然而，该策略的运行成本最高，可靠性最差。它的精度并不理想。

通过 LP/IA 日前调度加修正实现的双层协调控制策略（DLCC）虽比 FP 策略更准确、更灵活，但预测误差和修正误差限制了 EMS 的精度。而且计算时间长，计算成本高。DLCC 的计算时间为 $7.5×10^4$ s，EMS 难以及时响应。DLCC 响应速度慢，对实时调度适用性不高。

FLC 能实现能流柔性分配，且响应速度比 DLCC 快。然而，规则库的建立过于依赖专家知识，分配策略过于依赖经验。分配比例和模式判别边界的主观性会导致判定条件区间的扩大或缩小以及模式的误判。由于 FLC 的主观性，降低了调度结果的准确性。

依据设备的实际运行特性，在 FLC-DB 中借由 IA 设定合理的决策边界。因此，所得到的规则库更加客观，能流的柔性分配也更加准确。决策边界通过其更高的客观性提高了 FLC 的性能，直接提高了调度的准确性。计算时间为 $1.5×10^3$ s。它的响应速度和 FLC 一样快。不仅更好地满足了建筑负荷需求，且使得设备以优化状态运行。该策略在可靠性、经济性和实时系统的响应速度方面表现得更好。总之，FLC-DB 结合了 FLC 和 DLCC-IA 的优点，对于实时 EMS 来说更准确、更快。

就响应速度而言，DLCC 不适用于实时 EMS。考虑到所涉及可再生资源的间歇性和多目标性，实时 EMS 是复杂的，需要快速和连续地运行。DLCC 太慢，无法用于实时 EMS 优化。一般情况下，不推荐 DLCC 用于 DIES 的能源管理和实时控制。

至于调度结果的准确性方面，接下来将从运行经济性、供能可靠性和主控单元效率等几个方面对比和分析其他三种策略的性能。

5.3.1　典型日与年度运行结果

在典型日，7 月 8 日和 9 日，对供能系统的运行性能进行了分析。这两天处于枯风季，但天气炎热，用能负荷大。图 5.10 为使用余下三种方法时，系统源侧各设备的功率输出。

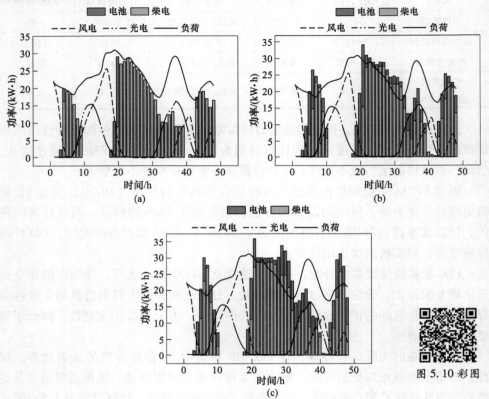

图 5.10　典型日各策略源侧设备输出功率
(a) FP 策略；(b) FLC-NDB 策略；(c) FLC-DB 策略

当采用 FP 策略时，电池仅放电 8 h，如图 5.10（a）所示。由于没有柔性分配净负载的任务，蓄电池达到技术下限才停止放电。SOC 大部分时间处于 0.1 的状态，蓄电池无法被调度用于供能，如图 5.11 所示。在第 6 h 7 h、20 h 30 h 和 44 h 45 h 的时间段，几乎没有风能和太阳能资源，同时电池没有放电能力。用能需求全部由运行成本最高的柴油机承担。

当采用无决策边界的模糊控制（FLC-NDB）时，电池在更多时间内与柴油机共同承担净负载，如图 5.10（b）所示。这是因为模糊控制策略协调两个主控单元需要提供的净负载，而不是首先将电池放电直到其技术下限 SOC_{min}。然而，FLC-NDB 策略没有考虑决策边界，会造成很多模式切换以及判断条件区间的误判，这将导致 EMS 无法兼顾柴油机的经济运行特性和 SOC 的最佳运行范围。因此，不可能最大化电池的平衡效果，使得其在下一时刻被调度的潜力受到限制。

SOC 处于中等水平，如图 5.11 所示。此外，燃油效率也不是最优的。系统需要更多的电池调度成本，导致总运行成本的增加。

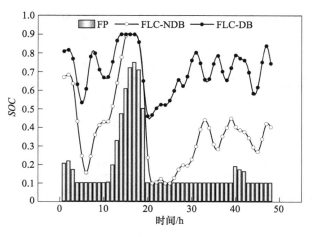

图 5.11 彩图

图 5.11　典型日各策略 SOC

　　为了改进 FLC-NDB，讨论并优化了决策边界，采用了考虑决策边界的模糊控制（FLC-DB）。这将使得净负载在两个主控单元之间被最佳分配，如图 5.10（c）所示。更加精确的切换边界使得不同运行模式的判别更加科学合理，避免了判定条件区间的扩大或缩小以及模式的误判。由于取得最优决策边界，电池 SOC 始终保持在最佳范围内（见图 5.11），且燃油效率得以提升，如图 5.12所示。

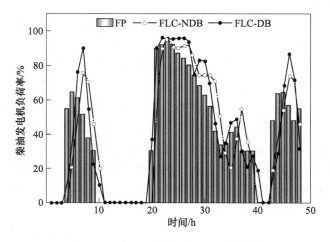

图 5.12 彩图

图 5.12　典型日各策略柴油机负荷率

表 5.6 总结了年度运行结果。总体而言，各策略下，SOC 均值分别为 0.51、0.62、0.79，考虑决策边界的 FLC-DB 策略中蓄电池 SOC_{ave} 最高，有利于维持其健康状态，延长其寿命。与 FLC-NDB 相比，FLC-DB 降低了 14.15% 的总运行成本，与 FP 相比降低了 20.45%。此外，FLC-DB 的 $LESP$ 是最小的，这意味着该策略提供了更高的安全性和可靠性，最大程度上实现了供需协同。

表 5.6　各策略年度运行结果

策略	柴油机成本 /美元·年$^{-1}$	蓄电池成本 /美元·年$^{-1}$	总成本 /美元·年$^{-1}$	SOC_{ave}	$LESP$ /%
FP	23022.55	20224.51	43247.06	0.51	1.41
FLC-NDB	24154.81	15921.63	40076.44	0.62	0.95
FLC-DB	25220.53	9184.48	34405.01	0.79	0.72

由于考虑了决策边界，FLC-DB 在运行成本、能源供应可靠性和设备运行状态方面都有较好的表现。换句话说，它结合了 FLC 和 IA 的优点。依据各设备实际运行特性，IA 为 FLC 寻得更客观、准确的决策边界。

5.3.2　决策边界对系统性能的影响

FLC 不需要历史数据和训练。这一点在实际应用中具有优势。但是必须考虑输入与输出数据的变化对 FLC 的影响。决策边界物理意义是不同运行模式的判别与切换边界，恰好反映了输入与输出数据的映射关系变化时对 FLC 性能的影响。那么决策边界偏离最优值时，FLC 性能将怎样变化呢？

除风光资源足够提供建筑用能需求，即充裕模式（Mode 1~3）外，所有情景都需要考虑决策边界。若蓄电池 SOC 小于其放电下限 SOC_{low}，则直接启动柴油机补足净负载（Mode 18~21）。若蓄电池 SOC 大于其放电下限 SOC_{low}，柴蓄将柔性分配净负载（Mode 8~11）。对于建筑负荷在两个主控单元的分配比例，实际上取决于蓄电池的放电下限 SOC_{low} 取值。柴蓄分配比例最终体现在对蓄电池原始放电指令的修正系数 K_{bat} 上，即 FLC1 的输出。表 5.7 展示了 SOC_{low} 和 SOC_{high} 对运行成本的影响。当它们偏离其最优值时，由于无法兼顾主控单元运行特性，总的运行成本会增加。若放电下限 SOC_{low} 大于 0.55，K_{bat} 减小，蓄电池承担的负荷比例减小。蓄电池 SOC 的提升使得蓄电池折损成本下降。柴油机承担的负荷增大，其运行成本提高，如图 5.6 所示。付出的额外柴油机运行成本将大于节省的蓄电池折损成本，最终导致总运行成本的增加。若放电下限小于 0.55，FLC1 将控制输出 K_{bat} 增大。蓄电池需要承担的负荷比例增大，SOC 的削弱使得蓄电池折损成本增大。柴油机承担的负荷减小，运行成本降低，降低的幅度小于蓄电池折损成本增大的部分，总成本增大，如图 5.6 所示。柴油机的输出功率，即 FLC2 的输出，取决于临界负载 L_c 和循环充电上限 SOC_{high}。当二级供能缺口 $\Delta P(t)'<0$ 时，不启动柴油机（Mode 4~7）。当 $0<\Delta P(t)'<L_c$ 时，进入循环充电模式（Mode 12~17），蓄电池循环充电上限是 SOC_{high}。当 $L_c<\Delta P(t)'<\Delta P(t)'_{max}$ 时，直接启动柴油机补足 $\Delta P(t)'$，无须对蓄电池循环充电。在本书假设条件下，L_c 为 15 kW，最优 SOC_{high} 为 0.75。若 L_c 取值比最优值 15 kW 大，则处于循环充电模式的判定条件 $0<\Delta P(t)'<L_c$ 区间扩大，使得 FLC2 在 $15<\Delta P(t)'<L_c$ 情形下，误判进入循环充电模式。而此时直接采用柴油机承担 $\Delta P(t)'$ 更加经济，如图 5.4 所示。若 L_c 取的值比最优值小，则处于循环充电模式的判定条件 $0<\Delta P(t)'<L_c$ 区间被缩小，造成 FLC2 在 $L_c<\Delta P(t)'<15$ 情形下，误判切出循环充电模式，直接采用柴油机承担 $\Delta P(t)'$。而此时循环充电更加经济，如图 5.4 所示。若 FLC2 循环充电上限 SOC_{high} 取值大于 0.75，则需要付出更多的燃油成本，尽管蓄电池会因此减少一部分折损成本。由于跨越了最优临界值，增加的成本将大于减少的那部分折损成本。若 SOC_{high} 取值小于 0.75，则增加了一部分蓄电池的折损成本。尽管节省了柴油机运行成本，但循环充电模式下燃油效率也无法达到最优。增加的折损成本将大于减少的那部分柴油机运行成本。

表 5.7 不同 SOC 区间下年度运行成本

SOC_{low}	SOC_{high}	柴油机成本/美元·年$^{-1}$	蓄电池成本/美元·年$^{-1}$	总成本/美元·年$^{-1}$
0.10	0.30	21404.42	17840.74	39245.16
0.20	0.40	22396.03	15957.00	38353.03
0.30	0.50	23218.87	13273.65	36492.52
0.40	0.60	24615.16	10588.60	35203.76
0.45	0.65	25157.66	10335.16	35492.82
0.50	0.70	25383.79	9419.01	34802.80
0.55	0.75	25220.53	9184.48	34405.01
0.60	0.80	26817.01	9251.02	36068.03

综上所述，FP 未曾考虑蓄电池与柴油机的柔性分配，蓄电池放电结束的判定条件必须是达到其技术下限即放电深度 0.1 后，不足的部分才由柴油机补足。蓄电池多处于低荷电状态（见图 5.11），影响了电池寿命，其很多时候无法被调用 [见图 5.10（a）]，且燃油效率未达到最优；FLC-NDB 中的规则库依赖专家经验，规则库的决策边界并非根据可控单元实际运行特性确定。导致了各情形下模式的误判和控制效果的劣化，无法在保证柴油机经济运行特性的同时，很好地将 SOC 控制在最佳运行区间，因而无法做到最大程度上实现蓄电池的平衡作用，下一时刻的被调度能力受限。该方案下，蓄电池的蓄电状态 SOC 处于中等水

平（见图 5.11），需要付出更多的蓄电池调度成本，导致总运行成本的增加；FLC-DB 基于更加精确的决策边界得到了更加客观、合理的规则库，FLC 性能得到提升，能量调度策略更加优化。既使得蓄电池 SOC 维持在最佳运行区间（见图 5.11），又令柴油机尽量运行在高负载率（见图 5.12）下，实现了二者的综合最优。

该 EMS 系统的最大优点不仅在于无论负载和天气条件如何变化将提供连续的能量，且以智能识别的方式柔性分配、协调调度不同的源，以满足负载需求并尽最大可能维持设备的最佳运行状态。FLC-DB 控制规则里涵盖了所有类型的天气条件（从无风阴天到大风艳阳天）和冷负荷情形（从最大冷负荷的 5%~100%）。实际上，该 EMS 对于电负载侧的种类及大小没有局限性；对于供应侧，混合动力系统的资源并不局限于风电和光电，这取决于当地的资源条件。

5.3.3　敏感性分析

控制规则库调度与分配策略的边界将随决策边界的变化而改变。该部分讨论了各敏感性因素对决策边界的影响，主要包括柴油价格、柴油机购买费用、蓄电池价格、性能。当前情景下，一台 10 kW 的柴油机购买价格为 1500 美元，10 kW 的蓄电池组购买价格为 1740 美元，柴油费用为 2.38 美元/升，性能曲线如图 5.3 所示。基于本书的上述假设，分析了当前和未来市场条件下 FLC-DB 最佳决策边界的变化趋势。

如图 5.13 和图 5.14 所示，当柴油价格提高、蓄电池价格下降或蓄电池性能提升时，SOC 的最佳范围将下移，FLC2 的临界负载 L_c 会增大。FLC1 的临界负

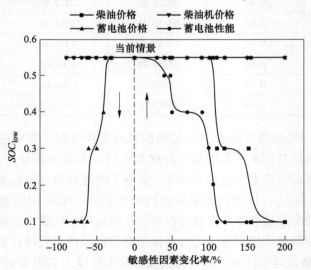

图 5.13　敏感性因素对 SOC_{low} 的影响

载 L_d 一般不存在，只在极端情况下有交点，但现实意义不大。总运行成本随着柴油价格上涨而增加，随着电池购买成本的降低或电池性能的提高而降低，如图 5.15 所示。

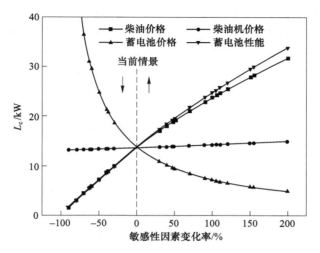

图 5.14　敏感性因素对 L_c 的影响

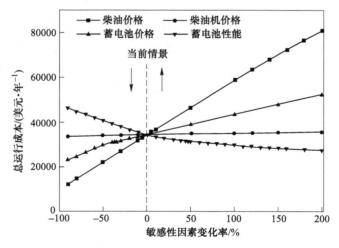

图 5.15　敏感性因素对总运行成本的影响

预计在未来的市场中，随着不可再生化石能源的不断消耗，柴油价格将继续攀升。油价过高时，用其来控制较高的 SOC 将得不偿失。SOC 只能保持在相对较低的范围内，以便在不影响可靠性的情况下实现最低的总运行成本。这也反映了经济性和环境友好性。同样的可预期，随着电子材料技术的发展和相应政策的支持，蓄电池的造价会大幅度下降、性能与寿命得以提升，这也会使得 SOC 最佳范围下移与 L_c 增大。

SOC 最佳范围的下移意味着 FLC1 中分配给蓄电池的净负载比重变大；循环充电模式下 FLC2 将控制柴油机用于循环充电的油耗减少，以应对相对较高的柴油价格。L_c 的增大意味着处于循环充电模式（$0<\Delta P(t)'<L_c$）的可能性变大，这是为了减少柴油机的频繁启动，并且在启动时尽量保持其高负荷率。

对决策边界进行调优进而优化 FLC-DB，将使得系统更加经济有效的运行。本书提出的获取最优决策边界的方法可以应用于未来的市场情景，其具有自适应性和鲁棒性。

采用混合动力组成的 DIES 为孤岛地区的建筑供能。其中，蓄电池和柴油发电机为源侧主控单元。采用所提出的能量分配策略协调能量流。通过对 EMS 性能的分析，发现决策边界对模糊规则的制定和控制效果有重要影响。调度策略的边界将随着决策边界的变化而变化。控制规则库可据此得到优化，从而得到更有效的调度策略。采用 FLC-DB 策略实现供给侧任务分配时，它的综合性能优于其他方法。因其兼顾了设备运行特性，故而最终的实时任务/能流的柔性分配更客观、准确。该方法比 FLC 节省了 14.15% 的运行成本，比 FP 节省了 20.45% 的运行成本。失负荷率最小为 0.72%，很好地实现了供需协同。FLC-DB 的计算时间为 1.5×10^3 s，比 DLCC-IA 短得多。该 EMS 结合了 FLC 和 DLCC-IA 的优点，即具有较高的准确度和响应速度。从敏感性分析可以看出，蓄电池 SOC 的最佳范围会随着柴油价格的提高、蓄电池价格的降低、蓄电池性能的提升而有不同程度的下移。相反地，在同样的场景下，FLC2 的临界负载 L_c 会增大。这有利于分析该 EMS 在未来市场中的应用和推广价值。本章提出的基于 FLC-DB 的 EMS 由于其自适应性而具有良好的灵活性，可以应对不同的天气等外界变化，故可进一步被应用于其他领域，如新能源电动汽车等。

6 负荷侧免疫调度与能量分配策略

孤立地区 DIES 的负荷侧，侧重于可再生资源的高效利用，即源侧能量的合理分配。运行控制必然涉及能量梯级利用与能级匹配的关键性问题。

在以往的能源系统运行优化策略的研究中，㶲效仅被作为系统运行的评价指标，未真正参与和指导系统的优化运行，对运行产生实质影响。本章引入广义㶲，结合各品质能源转化与蓄存特性，在免疫调度的框架中，设计并制定负荷侧运行策略。广义㶲作为判断系统能流方向的重要柔性决策边界与评价目标函数，将引导系统能级的更优匹配，更加合理有效用能。

6.1 系统图及设备特性

6.1.1 系统图

孤岛地区 DIES 需求侧节点图如图 6.1 所示。各能量转化设备（节点 4~7）的耗能包括实时用能负荷以及蓄存负荷，短箭头表示转化过程中的能量损失。该工作研究的微电网包含两种可再生能源，即风电和光电。柴油发电机与蓄电池组成辅助电源部分。柴油发电机作为应急的备用电源。蓄电池和蓄热水箱、淡水水箱、储气罐作为储能元件，将盈余能量蓄存下来，缓解后续供能压力。此外，系统中含有逆变器、能量管理控制器以及其他附属设备和电缆。混合供能系统由微电网驱动，以确保可靠运行。

如图 6.1 所示，DIES 的基本工作原理为：风光发电直接供应给负荷需求，不区分供能优先级，同等满足。PVT 产热、P2G 余热以热能形式储存在蓄热水箱中。

当风光发电有盈余时，盈余电量以电/水/气三种能量形式蓄存下来，平抑后续的供需差异，盈余电量分配由 EMS 确定；当风光发电量以及蓄存能源不足时，蓄电池和柴油机作为补足电源。优先启用蓄电池放电，蓄电池到达设置放电下限后，柴油发电机启动并考虑对蓄电池循环充电。

6.1.2 设备特性

电、水、气蓄存的优先级除受实时供需差异、储能设备蓄存状态影响外，还

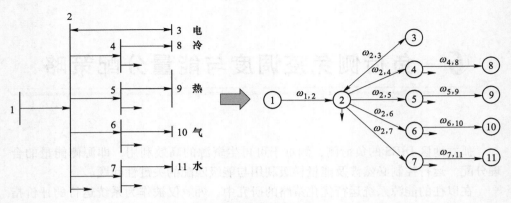

图 6.1　孤岛地区 DIES 需求侧节点图

与蓄存过程涉及设备的转化特性密切相关。设备运行在优化区间，高负荷率的经济运行方式有利于延长设备寿命、降低能源转化成本以及提高能源利用率。

这一小节的内容将用于之后寻找最优决策边界。可控单元的成本包括应急电源柴油机的运行成本、储能设备蓄电池运行成本、转化设备反渗透海水淡化设备和 P2G（主要指电解水）的转化成本。蓄电池和柴油机运行特性分别如图 5.3 和图 5.4 所示。反渗透海水淡化设备和 PME（电解水）设备运行特性如图 6.2 和图 6.3 所示。

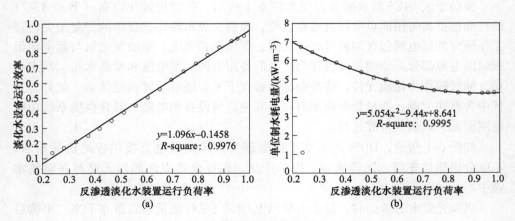

图 6.2　反渗透淡化水运行特性曲线

（a）负荷率与运行效率曲线；（b）负荷率与单位制水耗电量曲线

随着蓄电池放电深度的不断变大，其循环次数降低；柴油发电机输出功率与单位功率费用成反比，且负荷率低于 30% 后费用急剧上升；PME 电解槽的负荷率为 0.4~1 时，效率处于较优状态，均大于 0.7；反渗透海水淡化装置负荷率为

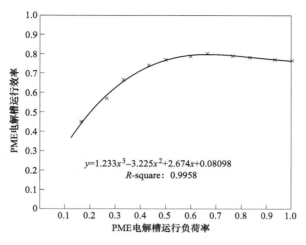

图 6.3 电解槽运行特性曲线

$0.6\sim1$ 时，它的单位产水耗电量处于较优状态，生产 $1\ m^3$ 耗电量小于 $5\ kW$；其他设备的相关参数在第三章也均已提到。不同的是，本章案例中，循环充电模式下，蓄电池 $SOC_{min}=0.4$、$SOC_{max}=0.9$；考虑长期储能时，$SOC_{min}=0.1$。

6.2 热效率与广义㶲

当风光发电量充足，首先采取追踪策略，满足冷热电气水实时需求；其次，盈余电量蓄存。基于热效率/广义㶲及蓄存特性，确定各种能源产品转化、储存的优先级和任务/能量的分配。因为冷、热易耗散，不考虑用风光盈余发电量转化蓄存。特别的，在天气好的时候，PVT 设备剩余的产热量将被蓄存下来，供下一时刻调用。风光盈余电量将以电、气、水的形式分配和蓄存。

6.2.1 热效率

对于能量转换装置，有效输出的能量与输入的能量的比值，称为热效率。

（1）电的热效率。

$$\eta_{\text{th-power}} = 1 \tag{6.1}$$

（2）海水源制冷机组的热效率。

$$\eta_{\text{th-cooling}} = \frac{T_2}{T_1 - T_2} \tag{6.2}$$

式中　T_1——冷却水（本书为海水）在冷凝器中的平均温度；

　　　T_2——被称为冷冻水在蒸发器中的平均温度。

（3）电辅热热效率。

$$\eta_{\text{th-heating}} = \eta_{\text{EH}} \qquad\qquad (6.3)$$

式中　η_{EH}——电辅热设备的电热转换效率。

（4）P2G 热效率。

$$\eta_{\text{th-CH}_4} = \eta_{\text{P2G}} \qquad\qquad (6.4)$$

（5）反渗透海水淡化热效率。

$$\eta_{\text{th-water}} = 15.4321 \, |\Delta G| \eta_{\text{water}} \qquad\qquad (6.5)$$

式中　η_{water}——反渗透海水淡化产水效率，$m^3/(kW \cdot h)$；

　　ΔG——反渗透海水淡化反应过程的吉布斯自由能，kJ/mol。

依据热效率，各能源供应顺序：冷>热>电>水>气，蓄存顺序：电>水>气。

6.2.2　广义㶲

㶲分析方法在 DIES 中得到推广应用，对提高能量转换和利用效率起到重要的作用。㶲分析方法通常和能量分析方法相结合，各类能源产品的㶲计算如下。

（1）电量㶲。

$$Ex_{\text{power}} = P \qquad\qquad (6.6)$$

（2）冷量㶲。

$$Ex_{\text{cooling}} = Q_{\text{e}} \cdot \left(\frac{T_0}{T_2} - 1 \right) \qquad\qquad (6.7)$$

式中　T_0——环境温度；

　　Q_{e}——海水源热泵制冷机组的输出冷量。

（3）热量㶲。

$$Ex_{\text{heating}} = Q_{\text{EH}} \cdot \left(1 - \frac{T_0}{T_{\text{h}}} \right) \qquad\qquad (6.8)$$

式中　T_{h}——电辅热系统中热水的平均温度；

　　Q_{EH}——电辅热系统的输出热量。

（4）天然气㶲。

$$Ex_{\text{CH}_4} = Q_{\text{P2G}} \cdot GHV \qquad\qquad (6.9)$$

（5）淡水㶲。

$$Ex_{\text{water}} = \frac{Q_{\text{p}} \pi \ln[1/(1 - R_{\text{RO}})]}{R_{\text{RO}}} \qquad\qquad (6.10)$$

本章引入广义㶲的概念，结合各品质能源转化与蓄存特性，在免疫调度的框架中，设计并制定负荷侧运行策略。广义㶲作为判断系统能流方向的重要柔性决策边界与评价目标函数，将引导系统能级的更优匹配，更加合理有效用能。其定义如下：

$$ex_{\text{i}} = \frac{Ex_{\text{i}}}{M_{\text{i}}} \qquad\qquad (6.11)$$

式中　ex_i——各形式能量的广义㶲；

　　　Ex_i——各形式能量的㶲量；

　　　M_i——获取各形式能量需付出的转化与运行成本。

依据广义㶲，各能源供应顺序：电>冷>热>水>气，蓄存顺序：水>气>电。

6.3　需求侧能量调度策略

采用本书提出的 FLC-DB-aiNet 运行控制策略管理需求侧的供能与蓄能。此外，参考广义㶲确定 DIES 供能与储能的优先级。

6.3.1　控制信号流

基于 aiNet-FLC 的 EMS 是系统的核心控制单元，是实现能量分配策略的载体。

系统控制信号流如图 6.4 所示。净负载 ΔP 代表可用风电、光电之和与建筑供能需求电耗之间的差异。该系统优先利用可再生发电量。当风、光资源丰富时，在满足负载需求之后产生的电力将被转化蓄存为淡水、燃气，或供给电池组以供下次使用。此间的能量分配由 aiNet-FLC 确定；相反，当能源较差时，则存在净负载（供能缺口）。此时存在"邻边"任务分配问题，亦借助免疫网络加以解决。由 aiNet-FLC$_{bat}$分配蓄电池需要承担的部分，余下的二级供能缺口由柴油机补足，补足量与柴油机对蓄电池的充电情况由控制器判断和控制。aiNet-FLC$_{water}$的输入是蓄电池上一时刻末的淡水蓄存状态和净负载，输出是海水淡化电耗。余下控制器同理。各变量的计算公式见式（6.12）~式（6.15）。

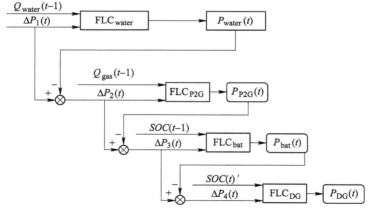

图 6.4　控制信号流

$$\Delta P_1(t) = P_{RE}(t) - P_L(t) \tag{6.12}$$

$$\Delta P_2(t) = P_{RE}(t) - P_L(t) - P_{water}(t) \tag{6.13}$$

$$\Delta P_3(t) = P_{RE}(t) - P_L(t) - P_{water}(t) - P_{P2G}(t) \tag{6.14}$$

$$\Delta P_4(t) = P_{RE}(t) - P_L(t) - P_{water}(t) - P_{P2G}(t) - P_{bat}(t) \tag{6.15}$$

6.3.2 能量分配策略及流程

能量分配过程（见图 6.5）如下。

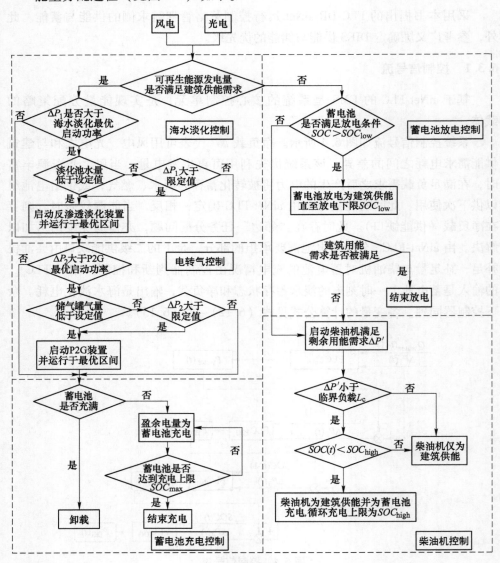

图 6.5 能量分配流程

获取当前时刻建筑能耗、水气电蓄存量与风、光发电量，判断该时刻能源是否足以满足建筑用能需求。当资源不足时，由蓄电池和柴油机供能，调度策略同源侧所述 EMS；当风光资源有盈余时，将剩余的可再生能源能量存为淡化水、燃气或为蓄电池充电。盈余能量分配中，首先考虑能流优先级，而后考虑分配比。优先级决定于各储能能源形式的广义㶲。现今技术与市场环境下，转化并蓄存同样㶲值的能量，淡化水、燃气、电能的单位成本逐渐增加。因此，三者蓄能优先级逐级降低。能量分配比，取决于各转化设备负荷率、运行状态，各能源储能状态以及自然资源情形等多种因素。本书建立的 AIS，既计及了设备间的刺激与抑制作用，也考虑了系统中心调度对各分布式代理的调节作用。

当盈余电量大于反渗透海水淡化最优启动功率时，若淡水蓄水箱水量低于可启动蓄存的设定值，或水量高于设定值但盈余电量足够多以至于可支持加大淡水蓄存量，则启动 RO 装置，并依据优化的 aiNet-FLC$_{water}$ 规则控制其运行于最优区间；当蓄水后的盈余电量大于 P2G 最优启动功率时，若储气罐气量低于可启动蓄存的设定值，或气量高于设定值但盈余电量足够多以至于可支持加大淡水蓄存量，则启动 P2G 装置，并依据优化的 aiNet-FLC$_{P2G}$ 规则控制其运行于最优区间；当蓄气后仍有盈余电量，且蓄电池未充满时，依据优化的 aiNet-FLC$_{bat}$ 规则为其充电，在充电过程中控制蓄能设备电量不超过其本身限定的最大蓄电状态。

如何合理有效地将风光盈余电量在蓄电池、海水淡化设备、P2G 设备之间进行分配，从而达到广义㶲最优，兼顾能量利用效率与系统运行经济性，是能量分配策略的关键。

6.4　案　　例

为了评估该策略的性能，将所提出的方法与其他方法进行了比较。每种方法之间的区别在于如何对蓄电池、海水淡化设备、P2G 设备进行能量分配和调度。第一种方法即固定优先级（FP）是基本策略，调度不使用模糊控制；第二种方法是不考虑决策边界的模糊控制（FLC-NDB）；第三种方法是考虑决策边界的模糊控制（FLC-DB）；第四种方法是考虑决策边界并以 B-T-aiNet 进行优化的模糊逻辑控制（FLC-DB-aiNet）。其中，在第四种方法中，分别以热效率和广义㶲为蓄存优先级的判据，制定了两种方案。其余三种方法，皆只以广义㶲确定蓄存优先级。

6.4.1　系统描述

本章节以某海岛为例，在 MATLAB/Simulink 平台上测试和验证了不同调度控制策略。该岛屿主要以海洋渔业和旅游观光为主。常住人口约 250 人，旅游可接待人数约 150 人，岛上用能需求人数约 400 人。主要用能建筑包括游客旅馆、居民住宅、办公建筑、商业楼宇、医院，总面积约为 13200 m²。DIES 负责为其提供冷、热、电、气、水的用能需求。需要说明的是，本书调度氢气生产、存储、使用时，以其质量（kg）为计量单位，可根据实际需要进行体积（m³）换算。氢气通常以 20 MPa、35 MPa 和 70 MPa 储存在合适的氢气罐中。以初始投资最小为目标，供能可靠性为约束，采用布谷鸟算法对 DIES 进行了设计优化。系统配置信息见表 6.1。

表 6.1　示例系统部件的特征参数和容量

项目	风电	光电	柴油机	蓄电池	电解氢	海水淡化	储氢罐	蓄水设备
容量	100 kW	60 kW	300 kW	10 kW	500 kW	215 kW	80 kg	400 t
数量	10	14	2	1000	1	1	1	1

6.4.2　控制规则

依据 aiNet(B-T)-DB 对各 FLC 的优化，该节制定并优化了各控制器的控制规则。控制目的在于对净负载进行柔性分配，兼顾各设备特性以及提高能源利用率。

模糊控制器 aiNet-DB-FLC$_{water}$ 以淡水蓄水箱当前水量以及下一时刻净负载为输入变量，输出量为反渗透海水淡化电耗。本案例中，RO 最优启动功率为 120 kW，不同蓄水量情形下的设定值为 200 kW、800 kW、1000 kW、1200 kW。其控制策略如下。

（1）当 $\Delta P_1 < 120$ kW，反渗透海水淡化装置不启动，$P_{water} = 0$。

（2）当 $Q_{water} < 80$ t（80 t 约为一天的淡水需求），120 kW $< \Delta P_1 < 200$ kW，风光发电盈余电量全部用来生产淡水，$P_{water} = \Delta P_1$。

（3）以下情形反渗透海水淡化装置满负荷运行，$P_{water} = 200$ kW。

1）当 $Q_{water} < 80$ t，200 kW $< \Delta P_1$ 时。

2）当 80 t $< Q_{water} < 160$ t，800 kW $< \Delta P_1$ 时。

3）当 160 t $< Q_{water} < 240$ t，1000 kW $< \Delta P_1$ 时。

4）当 240 t $< Q_{water} < 320$ t，1200 kW $< \Delta P_1$ 时。

（4）此外的其余情形，反渗透海水淡化装置不启动，$P_{water} = 0$。

模糊控制器 aiNet-DB-FLC$_{P2G}$ 以储气罐当前储气量以及产水后盈余电量为输入变量，输出量为电转气装置（P2G）电耗。本案例中，P2G 最优启动功率为 180 kW，不同蓄水量情形下的设定值为 500 kW、800 kW、1000 kW、1200 kW。其控制策略如下。

（1）当 $\Delta P_2 < 180$ kW 时，P2G 装置不启动，$P_{P2G} = 0$。

（2）当 $Q_{gas} < 500/39.44 = 12.68$ kg（约为一天的燃气需求），180 kW $< \Delta P_2 <$ 500 kW 时，产水后的盈余电量全部用来生产燃气，$P_{P2G} = \Delta P_2$。

（3）以下情形 P2G 装置满负荷运行，$P_{P2G} = 500$ kW。

1）当 $Q_{gas} < 12.68$ kg，500 kW $< \Delta P_2$ 时。

2）当 12.68 kg $< Q_{gas} < 25.36$ kg，800 kW $< \Delta P_2$ 时。

3）当 25.36 kg $< Q_{gas} < 38.03$ kg，1000 kW $< \Delta P_2$ 时。

4）当 38.03 kg $< Q_{gas} < 68.39$ kg，1200 kW $< \Delta P_2$ 时。

（4）此外的其余情形，反渗透海水淡化装置不启动，$P_{P2G} = 0$。

产水、产气后的盈余电量为蓄电池充电。风光能量不足时，蓄电池和柴油机作为备用能源补足。二者控制策略原理同上一章节，本章不作赘述。

6.5 结果与讨论

6.5.1 热效率和广义㶲对 EMS 的影响

以热效率、广义㶲为依据时，即便都采用本书提出的 FLC-DB-aiNet 方法，供能、储能的调度优先级及运行策略也会有所差异。

表 6.2 是两种方案的年度运行结果对比。

表 6.2 虑及热效率和广义㶲方案的年度运行结果

方案	负荷率/%			储能状态			启动次数			自满足率/%				成本/$
	DG	P2G	RO	电/%	气/kg	水/t	DG	P2G	RO	电冷热	气	水	综合	
热效率	48.14	49.37	75.23	75.98	29.12	137.60	1309	1318	872	89.83	98.57	95.32	94.57	810165.12
广义㶲	48.26	88.31	91.46	75.37	21.37	141.95	1366	525	636	90.38	98.25	98.75	95.79	764003.91

从表 6.2 可看出，采用广义㶲为依据确定供能、储能的调度优先级及相应运行策略的优势大于热效率。从运行效果而言，广义㶲方案的设备负荷率、储能状态、启动次数、除去化石能源的可再生能源自满足率综合水平大于热效率方案。广义㶲方案的可再生能源利用率比热效率方案提高了 6.46%。从运行经济性讲，广义㶲方案的年度运行成本比热效率方案节约了 5.70%。这是因为广义㶲很好地兼顾了能质与经济性。故而，在研究各种调度策略优化方法的性能时，皆采用广义㶲方案。

6.5.2　调度策略优化方法对 EMS 的影响

6.5.2.1　典型日运行结果

在典型日，6 月 22 日和 23 日，对供能系统的运行性能进行了分析。这两天处于枯风季，但天气炎热，用能负荷大。依据典型日各能源的逐时需求量以及对应转化设备的效率，可计算出供应各类能源所需要付出的逐时电耗。典型日各能源需求分布如图 6.6 所示。图 6.7 为采用四种运行策略时，DIES 的实时供需图。四种运行与调度方法的运算结果由仿真平台 MATLAB/Simulink 得出。

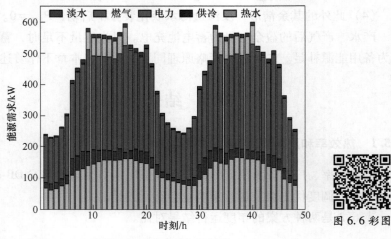

图 6.6 彩图

图 6.6　典型日各能源需求分布

风、光资源在第 11~13 h、15 h、36~45 h 较为丰富，皆大于建筑能源需求。盈余能量将依据储能设备蓄能状态和不同的分配策略以水、气、电的形式蓄存。

当采用 FP 策略时，水、气、电蓄存状态和能量分配比例的判别，都为非柔性方法。调度优先级和能量分配边界是固定的。盈余能量首先被用于生产淡水，分配到的能量上限为 200 kW。若仍有剩余，再用于 P2G 设备生产燃气，分配到的能量上限为 500 kW。最后的剩余能量为蓄电池充电，充电上限为 $SOC = 0.9$。在条件允许情况下，若蓄存水量少于 80 t，启动海水淡化设备生产淡水；若蓄存气量少于 12.68 kg，启动 P2G 设备生产燃气。海水淡化设备、P2G 设备启动决策下限低，一旦启动，所分配到的能量上限高，分配比例高。优先级决定了最终水、气、电所得盈余电量的比重。此外，蓄电池达到技术下限，$SOC = 0.1$，才停止放电。综上，各决策边界非柔性。如图 6.7 所示，由于没有柔性分配风光多余能量，除第 11 h、36 h、39 h、40 h 存在能量分配外，在风光盈余的其余时刻，能量以某单一形式蓄存。如图 6.8 所示，水、气、电的储能状态均值分别为 0.20、0.19、0.20。三者综合水平较低，为 0.20。

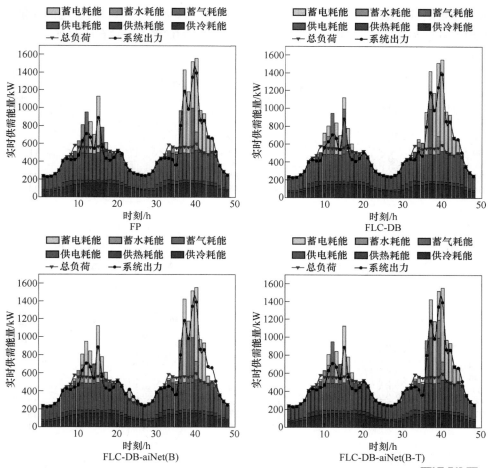

图 6.7 不同策略下系统实时供需图

图 6.7 彩图

考虑决策边界的模糊控制（FLC-DB），电池在更多时间内与柴油机共同承担净负载。这是因为模糊控制策略柔性协调三个储能设备蓄存各形式的能量，而不是首先尽量多蓄存淡水，而后考虑多蓄存燃气，最后剩余才蓄电。此外，讨论并优化了决策边界。这将使得风光盈余能量在三个蓄能设备之间的分配更加客观和优化。更加精确的切换边界使得不同运行模式的判别更加科学合理，避免了判定条件区间的扩大或缩小以及模式的误判。由于兼顾储能设备实际运行特性，提高了决策客观性，取得最优决策边界，FLC 性能得到提升，实现了很好的能量柔性分配。但基于 FLC-DB 的调度策略库及 EMS，未发挥集中调节作用，易陷入局部最优，未得到更为智能全面的全局动态优化。如

图 6.7 所示，第 11 h、15 h、37 h、39 h 存在盈余能量的分配。其中，第 37 h 为风光多余电量在电、气、水之间均有分配。如图 6.8 所示，水、气、电的储能状态均值分别为 0.23、0.20、0.39。储能综合状态为 0.28，相对有所改善。

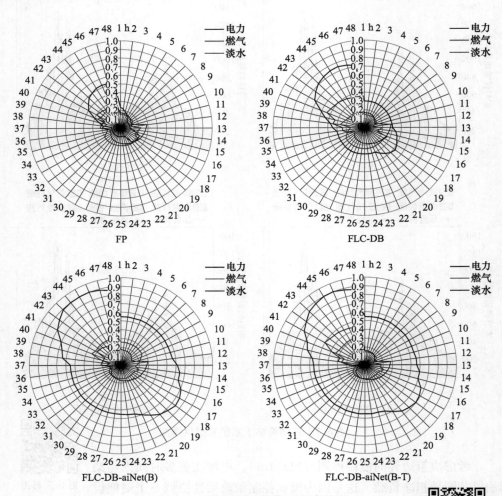

图 6.8　不同策略下各能源蓄存状态

图 6.8 彩图

考虑决策边界并以 B-aiNet 进行优化的模糊逻辑控制（FLC-DB-aiNet（B）），基于免疫网络确定每个设备最终的行为决策。考虑设备之间的相互刺激或抑制作用。网络中每个设备都独立决策，根据环境和策略（抗体）间相互作用来自动选择行为决策。当分配发生冲突时，设备通过相互作用来解决冲突，进行合理的任务/能量分配。此外，当原有行动决策集可解决扰动时，确定最终调度行为决策，该过程视作系统的先天性免疫；当原有行动决策集不足以应对外界变化和扰动，难以维持系统良好运行状态时，更新应对策略，并扩充原有控制规则库。当该种扰动再次发生时，自愈系统能将其识别，快速响应。二次免疫应答不需要经历策略集的更新过程，因此发生得更加迅速和准确，能快速高效消除扰动，即系统对该种扰动有了免疫力。FLC则保证了分配响应的快速性。通过有效的自愈管理与控制，及时识别以及应对外界扰动，系统得以运行得更加安全、经济与可靠。如图6.7所示，在更多时刻存在盈余能量的分配，分别为第11 h、36 h、38 h、39 h、40 h。如图6.8所示，水、气、电的储能状态均值分别为0.19、0.20、0.62。储能综合状态为0.34，相对较优。

考虑决策边界并以B-T-aiNet进行优化的模糊逻辑控制（FLC-DB-aiNet(B-T)），基于本书提出的B-T免疫网络确定每个设备最终的行为决策。不仅倾向于同情景下供需协同性好、运行效率高的设备，且考虑设备之间的相互刺激或抑制作用。网络中的每个设备都独立决策，根据环境和设备间相互作用来自动选择任务。当任务分配发生冲突时，设备通过相互作用来解决冲突，进行进一步的任务分配。但仅仅依靠设备之间的相互抑制和刺激作用进行分配工作的协作与决策，仍有可能陷入局部最优。这时引入T细胞对B细胞网络的辅助决策作用，显得尤为关键。它可以从全局出发，优化各设备的最终决策，使得设备间的协作能力充分发挥。系统对外界变化的响应不仅是部分设备的局部行为，而且是整个系统/网络共同作用的结果。设备之间彼此沟通、互相联系、互相制约、互相作用，构成一个优化的动态平衡网路。典型日中，第11 h、36 h、37 h、39 h、40 h存在盈余能量的分配。其中，第37h、39h的风光多余电量在电、气、水之间均有分配。如图6.8所示，水、气、电的储能状态均值分别为0.24、0.19、0.62。储能综合状态为0.35，优于其余三种方法。

6.5.2.2 年度运行结果

表6.3总结了年度运行结果。各策略下，SOC均值分别为59.95%、0.65.91%、75.16%、75.37%，FLC-DB-aiNet(B-T)策略中，蓄电池SOC_{ave}最高，有利于维持其健康状态，延长其寿命。依所提策略运行时，天然气和淡水的年均蓄能率分别为26.71%和35.49%，均较理想。此外，在经济性方面，与FLC-DB-aiNet(B)相比，FLC-DB-aiNet(B-T)降低了5.35%的总运行成本；与FLC-DB相比，降低了14.75%；与FP相比，降低了20.69%。此外，如图6.9和表6.3中的年度运行结果所示，FLC-DB-aiNet(B-T)的柴油机/P2G设备/海水淡化设备的负荷率和启动次数、各能源蓄存状态、除化石能源外的可再生能源自满足率都存在不同程度的优势。由于兼顾各设备实际运行特性、供需协同性、策略库实时更新与进化以及网络全局动态优化，FLC-DB-aiNet(B-T)在实时控制与调度中有着很好的表现，以最小的运行成本实现了更优的性能。

表 6.3　各策略年度运行结果

策略	负荷率/%			储能状态			启动次数			自满足率/%				成本/S
	DG	P2G	RO	电/%	气/kg	水/t	DG	P2G	RO	电冷热	气	水	综合	
FP	45.52	67.96	73.99	58.95	13.54	79.96	1002	682	818	90.11	94.46	96.02	95.42	963277.41
FLC-DB	43.15	84.05	86.96	65.91	13.16	110.64	1215	552	674	91.47	95.52	98.91	95.30	896211.57
FLC-DB-aiNet(B)	48.01	88.86	73.99	75.16	25.13	79.96	1409	523	218	90.20	97.07	97.28	94.84	807172.20
FLC-DB-aiNet(B-T)	48.26	88.31	91.46	75.37	21.37	141.95	1366	525	636	90.38	98.25	98.75	95.79	764003.91

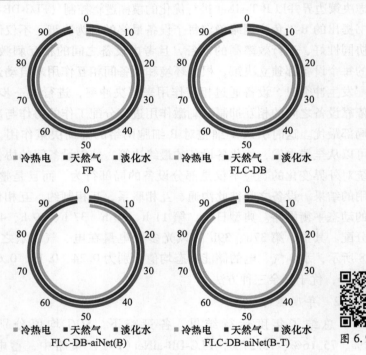

图 6.9　不同策略下各能源年度自满足率

　　基于 FLC-DB-aiNet(B-T) 的 EMS 系统具有较强的自适应性、鲁棒性、抗扰动性、客观性、实时性、健壮性，通过 B-T-aiNet 免疫网络进行全局协同，以智能识别的方式柔性分配、全局协调调度不同的源，以满足负载需求并尽最大可能维持设备的最佳运行状态、储能状态，维持系统的安全稳定运行。

　　本章主要对比和讨论所提出考虑决策边界并以 B-T-aiNet 进行优化的模糊逻辑控制（FLC-DB-aiNet(B-T)）与其他方法，用于协调孤岛 DIES 的风、光盈余电量在各储能设备之间进行能量分配时的特点。在分析了不同 EMS 的性能后，发现免疫网络理论对于模糊控制规则的制定与控制效果影响很大，大大降低了

EMS 的决策，陷入局部最优的可能。控制规则库可据此得到优化，并在实际运行中不断更新，从而得到更有效且自适应性与抗扰动性强的 DIES 实时 EMS。正常运行情景下，DIES 能满足全部建筑用能，保障了孤岛建筑的供能安全性；除化石能源外的可再生能源自满足率最高，为 95.79%，节能效果较为理想。广义㶲的引入有利于同时提高可再生能源利用率与运行经济性。在节能性方面，广义㶲方案的可再生能源利用率比热效率方案提高了 6.46%；从运行经济性角度，广义㶲方案的年度运行成本比热效率方案节约了 5.70%。FLC-DB-aiNet(B-T) 策略的运行经济性优于其他方法，比 FLC-DB-aiNet(B) 策略节省了 5.35% 的运行成本，比 FLC-DB 策略节省了 14.75% 的运行成本，比传统启停 FP 策略节省了 20.69% 的运行成本。该方法具备强抗扰动性和灵活性，通过免疫网络实现了实时控制系统的全局动态优化。FLC-DB-aiNet(B-T) 方法性能的提升归功于 B-T-aiNet 免疫网络。B-T-aiNet 中 T 细胞协作因子在系统层发挥集中调节作用，避免所有设备的最终行为决策陷入局部最优。此外，免疫自记忆与集散决策机制降低了决策重复率，提高了决策效率，即 EMS 实时性。

7 故障下的风险评估及自愈策略

在野外环境暴露下，各能源子系统的运行状态变化较为频繁，严重威胁着综合能源系统的运行安全。DIES 既有来自设备自身故障或其他内部因素的内部扰动，又存在着自然灾害或人为作用等的外部扰动。这些内外界扰动可能引起建筑供能短缺事故的发生。引发 DIES 故障的内外影响因素，即内外扰动，可以称为系统的脆弱源。对 DIES 进行脆弱源研究，并定量评估不同脆弱源可能带来的供能短缺风险将是保障 DIES 运行安全性与供能可靠性的重要措施。不同情形下的自愈策略对系统高效管理和稳定运行十分重要。

一般来说，以往系统自愈策略研究主要集中在系统结构的动态调整方面，多为点对点的局部修复方法，如基于网络重构的故障隔离与维修方法。然而，对于使用柔性自愈运行策略、紧急自愈模式切换、需求侧响应自愈方面关注较少。A. Janjic 等人通过安装在整个能源网络的各种智能传感器收集的数据，用于故障定位，帮助系统恢复，减少能源停供时间，提高系统可靠性。该研究利用马尔可夫决策过程来确定故障馈线段及其与系统的隔离度。该算法基于多个准则的优化，从故障通道指示器的状态得到状态间的转移概率。利用贝叶斯概率论得到了特定区域发生故障的后验概率，并据此给出相应的故障隔离策略。H. Haes Alhelou 等人提出了一种基于未知输入传感器的故障检测与隔离技术方案，将可再生能源的负荷波动和输出功率变化建模为系统的未知输入。通过多个仿真场景验证了检测和隔离传感器的鲁棒性。M. H. Oboudi 等人认为孤岛运行是能源系统发生故障时提高可靠性的可行方案。针对这一目标，提出了一种基于成本效益改进的两阶段临界负荷供应方法。以中断代价作为负载优先级，以各设备开关的开/关状态作为二进制决策变量，对系统进行能流计算，实现实时运行优化。故障检测与隔离的方法简单直接，但是该方法中的运行控制策略属于事后控制，且过于生硬，未充分挖掘总能系统本身的柔性调节和自愈潜力，从而直接削弱系统在动态环境下对事故与扰动的适应力及恢复力。且以上方法现场响应速度慢，这在实际工程大规模应用中也是不可忽略的。

考虑到 DIES 的孤立性和复杂性，本书以最大化系统恢复力因子为目标，提出了基于免疫机制的双层柔性自愈运行策略。在主动感知和系统脆弱状态识别阶段，采用压力与释放（PAR）风险模型判断系统运行状态是否异常。PAR 风险评估模型涵盖灾害、脆弱性和恢复力的度量，并参与到系统层状态转移决策边界的确定与优化当中。该模型的特点是：（1）考虑了 DIES 的恢复能力，体现自愈恢复性好的系统风险水平较低；（2）考虑了内外扰动的可检测性，难以检测的扰动有更大的风险。

7.1 脆弱源及风险模型

7.1.1 典型供能事故脆弱源

DIES 供能短缺事故内部原因多为设备损坏而导致供需不平衡；外部原因有恶劣天气、人员对设备的操作不当等。评估内外扰动下 DIES 运行的风险，有助于 EMS 及时采取适当的预防和恢复决策，降低 DIES 故障情景下的失负荷率。此外，进行 DIES 关键设备层/系统层状态的识别以及运行管理也十分必要。

导致供能短缺事故的触发原因（内外扰动）主要分为过负荷（RE_1）、人员误操作（RE_2）、设备自身故障（RE_3）、火灾一类事故等外部影响（RE_4）、气候变化（RE_5）、其他及未知原因（RE_6）。

7.1.2 PAR 风险模型

PAR 风险模型涵括系统性能恢复力、脆弱性和不可探测性三个因子，用于度量故障下孤岛 DIES 的性能。

7.1.2.1 系统性能恢复力因子

恢复力，指的是 DIES 对内外扰动事件抵御、适应以及快速恢复性能的能力。1984 年，Holling 在生态学研究中提出了恢复力的概念，之后被应用于其他领域。

系统的恢复力是系统能力的一部分，为系统设计和运行提供决策支持。恢复力指标主要考虑孤岛 DIES 对内外界扰动的吸收能力，以及快速从扰动中恢复供能的能力，其公式为：

$$\rho_1(F_d, F_0, F_r, T_p) = \frac{F_d}{F_0}\frac{F_r}{F_0}T_p \tag{7.1}$$

式中 F_d——发生干扰后 DIES 退化到的性能；

F_0——DIES 初始性能；

F_r——DIES 重新恢复的最终运行性能；

T_p——系统从干扰后到恢复大部分供能的速度因子。

恢复力 ρ_1 度量值体现出 DIES 自愈性的差异。

7.1.2.2 脆弱性

脆弱性一般以 DIES 供能事故发生的概率来衡量。PAR 模型的脆弱性体现为在某种内外扰动发生的情况下，系统发生故障的概率。脆弱性 ρ_2 为：

$$\rho_2(\text{RE}_k,\ X) = p_1(\text{RE}_k)p_2(X\,|\,\text{RE}_k) \tag{7.2}$$

假设可引起供能事故的内外扰动有 k 种，第 k 种扰动用 RE_k 表示，它发生的概率被量化为 $p_1(\text{RE}_k)$。第二个因子 $p_2(X\,|\,\text{RE}_k)$ 为扰动 RE_k 发生的情况下，引起规模为 X 的 DIES 能源供应短缺概率。

供能短缺概率-规模之间的幂律分布概率密度表达式为：

$$p_L(X) = cX^{-\alpha_m} \tag{7.3}$$

通过双对数变换，式（7.3）变换为斜率为 $-\alpha_m$ 的线性方程：

$$\lg(p_L(X)) = C - \alpha_m \lg X \tag{7.4}$$

7.1.2.3　不可探测因子

在 DIES 中，如果干扰事件能够被提前检测到，就能更好地安排对应的应急管理措施，当地居民也能提前做好供能中断准备。因此，能大大减轻供能短缺事故带来的后果和损失。考虑内外扰动能否被有效检测的程度有助于更好地掌握孤岛 DIES 的可靠性和风险。

按照工程中通用可靠性标准，建议将不可探测程度的等级分为 $1\sim10$ 级。对于本书中 DIES，各种脆弱源的不可探测度被设定为：$p_3(\text{RE}_1) = 0.4$，$p_3(\text{RE}_2) = 0.3$，$p_3(\text{RE}_3) = 0.5$，$p_3(\text{RE}_4) = 0.7$，$p_3(\text{RE}_5) = 0.9$，$p_3(\text{RE}_6) = 0.8$。

7.1.2.4　风险度量值

风险度量值 R 综合体现了以上三个关键性因素对孤岛 DIES 风险度量的影响。其表达如下：

$$R(\text{PAR}) = \rho_2(\text{RE}_k,\ X)p_3(\text{RE}_k)/\rho_1(F_r,\ F_d,\ F_0,\ T_p) \tag{7.5}$$

7.2　故障下 DIES 自愈策略

7.2.1　自愈控制策略

当地可再生能源的利用、储能以及自愈控制可以降低能源系统对极端事件的脆弱性，提高其抗灾能力。本书基于紧急减载、平移负荷和储能调度，提出新的综合自我修复策略以实现能量重新分配。结合免疫调度模型和双层（设备层/系统层）状态转移方法实现故障下系统的自愈，减轻故障可能造成的影响。

如图 7.1 所示，本章中自愈控制体系将系统运行划分为六种状态，分别为正常运行情形下的优化状态、正常状态、预警状态、临界状态和故障情形下的恢复状态、紧急状态。对应的五个过程控制，分别为优化控制、预防控制、校正控制、恢复控制和紧急控制。其中，优化状态与正常状态均可以满足实时用能需求，区别是系统与设备是否维持在较佳运行状态。当系统处于正常运行状态时，可通过实时运行优化达到更加经济高效的优化运行状态。预警状态临界状态可认为是故障发生前的风险状态，区别为二者的风险等级不同。当处于风险运行状态时，需要通过预防/校正控制降低供能短缺风险。可通过转移负荷、柔性负荷调控等手段使系统回归到正常运行状态。当系统处于故障状态，首先通过隔离故障以及网络重构恢复供能，称为恢复控制；如果采取以上控制仍然无法完全恢复系统的全部负荷，意味着系统进入紧急状态，在紧急控制下切除部分负荷。原则是保障重要负荷供应安全的前提下，尽可能少地损失非重要负荷。

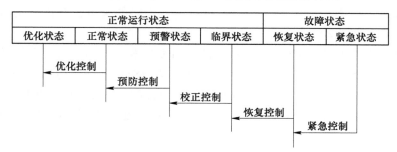

图 7.1　系统状态的逐级修复和转移

基于免疫机制（临界边界）的 DIES 自愈控制流程如图 7.2 所示。该方法定义了与能源系统实时风光发电出力、各种能源需求、变量间相关性、储能装置储能状态、能量转化设备负荷率、PAR 风险值等相关的系统状态函数 f。设定能源

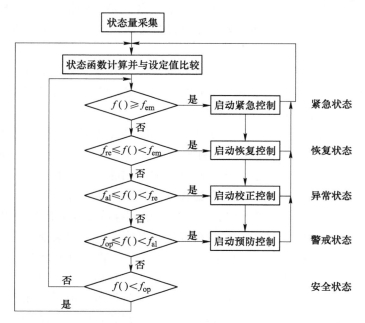

图 7.2　DIES 自愈控制流程

系统在紧急状态、恢复状态、临界状态、正常状态下的状态函数范围限值分别为 f_{em}，f_{re}，f_{al}，f_{op}。根据 DIES 在线采集的运行数据，将计算出的状态函数与系统状态函数的设定值相比较，确定 DIES 与设备的运行状态。而后采取相应的行为决策与自愈调度控制手段，使 DIES 从当前运行状态向一种更好的运行状态转移。

依据上述流程，以考虑决策边界并以 B-T-aiNet 进行优化的模糊控制（FLC-DB-aiNet）为载体，将基于免疫机制的自愈策略嵌入 EMS。依据环境状态和需求，设备实时状态和转化特性，EMS 进行自愈策略的决策，并进行实时调度响应，应对内外界扰动。

采用自愈策略的 DIES 具备自我预防、自动恢复的能力，可应对极端灾害和紧急事故。其中基于双层（设备层/系统层）状态纠正和预防行为提高了系统可靠性。此外，在能流优化过程中，决策规则的制订考虑了设备的实时状态与转化特性以及储能的能源品质。因此，本书提出的 EMS 也兼顾了经济性与节能性。

7.2.2　案例分析

在典型日，6 月 22 日和 23 日，对供能系统的抗风险性能进行了分析。这两天处于枯风季，但天气炎热，用能负荷大。在 6 月 22 日中午 12:00 设置 8 个事故场景，分别是为期 12 h 的 25% 风光发电设备故障、为期 12 h 的 50% 风光发电设备故障、为期 12 h 的 75% 风光发电设备故障、为期 12 h 的 100% 风光发电设备故障、为期 24 h 的 25% 风光发电设备故障、为期 24 h 的 50% 风光发电设备故障、为期 24 h 的 75% 风光发电设备故障、为期 24 h 的 100% 风光发电设备故障。

假设，脆弱源皆为不可抗因素，即脆弱源一旦发生，无论采取怎样的运行策略，引起规模为 X 的能源短缺概率 $p_2(X \mid RE_k)$ 都相等。速度因子 $T_p = 1$。故而，恢复力因子将是评价 EMS 性能的关键。

正常运行模式下的 EMS 运行策略的不同将使得系统/设备状态不同，造成 F_d/F_0 不同，即 DIES 因内外扰动影响损失负荷后，可供应负荷量占事故前所供应负荷量的比例不同；系统在发生故障并采取不同的恢复策略后，会返回不同的系统性能值，造成 F_r/F_0 的不同，即最终可恢复的负荷供应量不同。

当采用 FP 运行及自愈策略时，水、气、电蓄存状态和能量分配比例的判别，都为非柔性方法。调度优先级和能量分配边界是固定的。盈余能量首先被用于生产淡水，若仍有剩余，再用于 P2G 设备生产燃气，最后的剩余能量为蓄电池充电。海水淡化设备、P2G 设备启动决策下限低，一旦启动，所分配到的能量上限高，分配比例高。优先级决定了最终水、气、电所得盈余电量的比重。此外，蓄电池达到技术下限，$SOC = 0.1$，才停止放电，二级供能缺口由柴油机补足。综上所述，各决策边界非柔性。由于没有柔性分配任务/能量，DIES 对外界扰动抵御能力较弱。以为期 24 h、25% 故障为例，故障前已经缺少燃气，故障发生周期内无燃气供应，故障发生后第 5 个小时才恢复燃气供应，如图 7.3（a）所示。此外，如图 7.4（a）所示，电、气、水储能较匮乏。

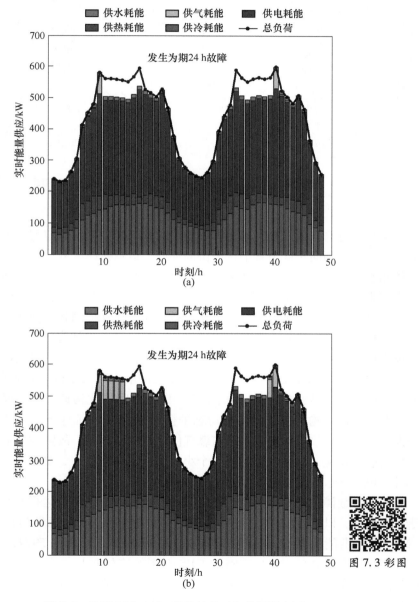

图 7.3　为期 24 h、25% 故障情景下各能源供应图
（a）FP；（b）FLC-DB-aiNet

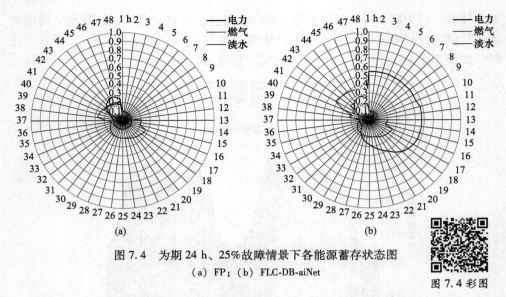

图 7.4　为期 24 h、25%故障情景下各能源蓄存状态图
(a) FP；(b) FLC-DB-aiNet

图 7.4 彩图

　　免疫运行与自愈策略，基于本书提出的 B-T 免疫网络确定每个设备最终的行为决策。不仅倾向于同情景下供需协同性好、运行效率高的设备，且考虑设备之间的相互刺激或抑制作用。网络中的每个设备都独立决策，根据环境和设备间相互作用来自动选择任务。当任务分配发生冲突时，设备通过相互作用来解决冲突，并进一步任务分配。但仅仅依靠设备之间的相互抑制和刺激作用进行分配工作的协作与决策，仍有可能陷入局部最优。这时引入 T 细胞对 B 细胞网络的辅助决策作用，显得尤为关键。它可以从全局出发，优化各设备的最终决策，使得设备间的协作能力充分发挥。系统对外界变化的响应不仅是部分设备的局部行为，而且是整个系统/网络共同作用的结果。设备之间彼此沟通、互相联系、互相制约、互相作用，构成一个优化的动态平衡网路。DIES 抗外界扰动能力较强。以为期 24 h、25%故障为例，故障前燃气供应与储备充足，故障发生周期内两个小时仍有燃气供应，故障发生后第 3 个小时即恢复燃气供应，如图 7.3（b）所示。此外，电、气、水储能较充足。

　　在 8 种故障情景中，无论长期还是短期性能评价，免疫运行及自愈策略皆优于 FP 策略。以为期 24 h、25%故障，评价周期为 36 h 情景为例，假设中午 12：00 发生供能短缺事故，FP 策略在 13：00 的 F_d/F_0 为 0.5974，免疫策略为 0.9087。这意味着采用免疫策略的 EMS 对于故障的吸收能力提高了 52%。即在因故障损失负荷后，以免疫策略运行的 DIES 具备更强的故障吸收力，可供应负荷量占事故前所供应能量的比例较高。13：00 至次日 24：00，系统采取不同的恢复策略后，会返回不同的系统性能值。FP 策略在 36 h 内的平均总自满足率为 0.5676，免疫策略为 0.7232。采用免疫策略的 DIES 的失负荷率降低了 36%，提高了 DIES 的供能可靠性。在该情景下，FP 策略的性能恢复力因子为 0.3499，供能短缺风险度量值 $R(\text{PAR})$ 为 0.0523；免疫策略的性能恢复力因子为 0.5396，供能短缺风险度量值为 0.0339。后者使得 DIES 的性能恢复力较前者提高了 54%，供能短缺风险降低。采用免疫策略的 DIES 在其他情景下，其自愈性能也有不同程度的提升，见表 7.1～表 7.4。

表 7.1 故障 12 h/评价周期 12 h 情景下 EMS 策略对性能恢复的影响

故障类型	13:00 冷热电自满足率	13:00 水自满足率	13:00 气自满足率	13:00 总自满足率	免疫策略 13:00-24:00 冷热电自满足率	13:00-24:00 水自满足率	13:00-24:00 气自满足率	13:00-24:00 总自满足率	性能恢复力因子	$R(\text{PAR})$
无故障	1	1	1	1	0.8461	1	1	0.9487	0.9487	0.0193
25%故障	1	1	0.2382	0.7461	1	1	0.2304	0.7435	0.5547	0.0330
50%故障	1	1	0.2383	0.7461	1	1	0.2304	0.7435	0.5547	0.0330
75%故障	1	1	0.2383	0.7461	1	1	0.2304	0.7435	0.5547	0.0330
100%故障	1	1	0.2383	0.7461	0.8937	1	0.2304	0.7080	0.5283	0.0346

故障类型	13:00 冷热电自满足率	13:00 水自满足率	13:00 气自满足率	13:00 总自满足率	FP 策略 13:00-24:00 冷热电自满足率	13:00-24:00 水自满足率	13:00-24:00 气自满足率	13:00-24:00 总自满足率	性能恢复力因子	$R(\text{PAR})$
无故障	1	1	1	1	0.8135	1	1	0.9378	0.9378	0.0195
25%故障	0.8493	1	0	0.6164	0.4612	1	0	0.4871	0.3002	0.0610
50%故障	0.5662	1	0	0.5221	0.3297	1	0	0.4432	0.2314	0.0791
75%故障	0.2831	1	0	0.4277	0.1648	1	0	0.3883	0.1661	0.1102
100%故障	0	1	0	0.3333	0	1	0	0.3333	0.1111	0.1647

表 7.2 故障 12 h/评价周期 24 h 情景下 EMS 策略对性能恢复的影响

故障类型	13:00 冷热电自满足率	13:00 水自满足率	13:00 气自满足率	13:00 总自满足率	免疫策略 13:00-次日 12:00 冷热电自满足率	13:00-次日 12:00 水自满足率	13:00-次日 12:00 气自满足率	13:00-次日 12:00 总自满足率	性能恢复力因子	$R(\text{PAR})$
无故障	1	1	1	1	0.6486	1	1	0.8829	0.8829	0.0207
25%故障	1	1	0.2382	0.7461	0.8951	1	0.1175	0.6709	0.5005	0.0366
50%故障	1	1	0.2383	0.7461	0.8277	1	0.1175	0.6484	0.4838	0.0378
75%故障	1	1	0.0283	0.7461	0.7890	1	0.1175	0.6355	0.4741	0.0386
100%故障	1	1	0.2383	0.7461	0.6566	1	0.1175	0.5914	0.4412	0.0415

续表7.2

故障类型	13:00 冷热电自满足率	13:00 水自满足率	13:00 气自满足率	13:00 总自满足率	FP策略 13:00-次日12:00 冷热电自满足率	13:00-次日12:00 水自满足率	13:00-次日12:00 气自满足率	13:00-次日12:00 总自满足率	性能恢复力因子	R(PAR)
无故障	1	1	1	1	0.6309	1	1	0.8770	0.8770	0.0209
25%故障	0.8493	1	0	0.6164	0.4100	1	0	0.4700	0.2897	0.0632
50%故障	0.5662	1	0	0.5221	0.3387	1	0	0.4462	0.2330	0.0786
75%故障	0.2831	1	0	0.4277	0.2492	1	0	0.4164	0.1781	0.1028
100%故障	0	1	0	0.3333	0.1598	1	0	0.3866	0.1289	0.1420

表7.3　故障24 h/评价周期24 h情景下EMS策略对性能恢复的影响

故障类型	13:00 冷热电自满足率	13:00 水自满足率	13:00 气自满足率	13:00 总自满足率	免疫策略 13:00-次日12:00 冷热电自满足率	13:00-次日12:00 水自满足率	13:00-次日12:00 气自满足率	13:00-次日12:00 总自满足率	性能恢复力因子	R(PAR)
无故障	1	1	1	1	0.6486	1	1	0.8829	0.8829	0.0207
25%故障	1	1	0.2382	0.7461	0.8599	1	0.1175	0.6591	0.4918	0.0372
50%故障	1	1	0.2383	0.7461	0.7505	1	0.1175	0.6227	0.4646	0.0394
75%故障	1	1	0.2383	0.7461	0.6621	1	0.1175	0.5932	0.4426	0.0413
100%故障	1	1	0.2383	0.7461	0.4850	1	0.1175	0.5342	0.3985	0.0459

故障类型	13:00 冷热电自满足率	13:00 水自满足率	13:00 气自满足率	13:00 总自满足率	FP策略 13:00-次日12:00 冷热电自满足率	13:00-次日12:00 水自满足率	13:00-次日12:00 气自满足率	13:00-次日12:00 总自满足率	性能恢复力因子	R(PAR)
无故障	1	1	1	1	0.6309	1	1	0.8770	0.8770	0.0209
25%故障	0.8493	1	0	0.6164	0.3824	1	0	0.4608	0.2841	0.0644
50%故障	0.5662	1	0	0.5221	0.2743	1	0	0.4248	0.2218	0.0825
75%故障	0.2831	1	0	0.4277	0.1372	1	0	0.3791	0.1621	0.1129
100%故障	0	1	0	0.3333	0.1372	1	0	0.3333	0.1111	0.1647

表 7.4 故障 24 h/评价周期 36 h 情景下 EMS 策略对性能恢复的影响

故障类型	13:00 冷热电自满足率	13:00 水自满足率	13:00 气自满足率	13:00 总自满足率	免疫策略 13:00-次日24:00 冷热电自满足率	13:00-次日24:00 水自满足率	13:00-次日24:00 气自满足率	13:00-次日24:00 总自满足率	性能恢复力因子	$R(PAR)$
无故障	1	1	1	1	0.7779	1	1	0.9260	0.9260	0.0198
25%故障	1	1	0.2382	0.7461	0.9087	1	0.2609	0.7232	0.5396	0.0339
50%故障	1	1	0.2383	0.7461	0.8423	0.9705	0.2615	0.6914	0.5159	0.0355
75%故障	1	1	0.2383	0.7461	0.7865	0.9705	0.2615	0.6728	0.5020	0.0365
100%故障	1	1	0.2383	0.7461	0.6745	0.9705	0.2615	0.6355	0.4741	0.0386

故障类型	13:00 冷热电自满足率	13:00 水自满足率	13:00 气自满足率	13:00 总自满足率	FP 策略 13:00-次日24:00 冷热电自满足率	13:00-次日24:00 水自满足率	13:00-次日24:00 气自满足率	13:00-次日24:00 总自满足率	性能恢复力因子	$R(PAR)$
无故障	1	1	1	1	0.7668	1	1	0.9223	0.9223	0.0198
25%故障	0.8493	1	0	0.6164	0.5974	1	0.1053	0.5676	0.3499	0.0523
50%故障	0.5662	1	0	0.5221	0.5414	1	0.1060	0.5491	0.2867	0.0638
75%故障	0.2831	1	0	0.4277	0.4547	1	0.1060	0.5202	0.2225	0.0822
100%故障	0	1	0	0.3333	0.3680	1	0.1060	0.4913	0.1638	0.1117

无论是故障发生时刻系统对于故障的吸收力，还是故障发生后系统从中恢复供能的运行性能，免疫自愈策略均体现了更强的对外界扰动的适应性和恢复力，有着较小的供能短缺风险。恢复力因子综合体现了系统对故障的吸收和应对能力，其可作为判别 EMS 性能的定量化指标。

本章主要对比和讨论所提出 FLC-DB-aiNet(B-T) 与工程中传统 FP 策略在系统运行与自愈方面的性能。在分析了故障情景下不同 EMS 的性能后，发现免疫机制有利于保持系统运行的健壮性，大大提高了对于外界扰动的适应、吸收和恢复能力。以为期 24 h、25%故障，评价周期为 36 h 情景为例，传统 FP 策略在故障发生时刻的供应负荷量占事故前所供应能量的比例为 0.5974，FLC-DB-aiNet(B-T) 策略为 0.9087。这意味着采用免疫策略的 EMS 对于故障的吸收能力提高了 52%。系统采取不同的恢复策略后，会返回不同的系统性能值。在该情景下，FP 策略的性能恢复力因子为 0.3499，免疫策略为 0.5396。后者使得 DIES 的性能恢复力较前者提高了 54%。其他故障情景下，采用所提 EMS 的 DIES 的自愈性能也有不同程度的提升。DIES 采用 PAR 风险模型用于分析和评估采用不同 EMS 时 DIES 的脆弱性，而这是减少孤岛地区供能短缺风险的重要步骤。它有利于改进实时运行管理策略，做好应对可能干扰的准备。提出基于免疫机制的 DIES 自愈运行控制策略，使得 DIES 具备更强的自我预防、自动恢复的能力，可应对极端灾害和紧急供能事故。以为期 24 h、25% 故障，评价周期为 36 h 情景为例，FP 策略在 36 h 内的平均总自满足率为 0.5676，FLC-DB-aiNet(B-T) 策略为 0.7232。采用免疫自愈策略运行的 DIES 的失负荷率降低了 36%，这意味着故障情景下 DIES 的供能可靠性得以提高。

本书对孤岛 DIES 的模型建立以及运行调度优化展开了深入讨论，提出了适合于实际工程复杂能源系统在线运行的实时 EMS 方法。该运行与调度方法也适用于其他混合能源系统。虽开展了一定的研究工作，但仍有以下问题需要在以后的工作中进一步深入研究。

（1）目前，风电和光电的弃用率仍然很高。将进一步研究一天中不同时段的风-光互补关系，以指导风-光混合动力系统的能量调度策略，有助于提高能源系统的经济性和可靠性。接下来将在本书的相关性模型基础上，利用时变 Copula 模型等非线性动力学模型来捕捉风-光相关结构在不同时期的变化。通过刻画风-光相关系数在不同时期的演化过程，建立 Copula 函数参数的动态演化方程。此外，相关性模型中，自由度的时变特性也是未来探索的新方向。

（2）在未来的工作中，将基于化石能源价格、蓄电池价格与性能的未来发展趋势，建立其预测模型，并将该预测模型代入书中模糊控制决策边界的计算与讨论中。目的在于找出决策边界在时间尺度上的具体移动规律，即不确定因素的预测模型对决策边界的影响机制。特别地，在预测模型中也要考虑到相关组件的长期退化。

（3）开发基于免疫网络的在线 EMS 软件，并集成到能源系统在线控制模块中，真正在实际系统中进行在线运行管理。通过长期运行，建立运行数据库，进一步开发出更具适应性和鲁棒性的调度控制系统。

附　　录

附表 1　主要符号表

参数符号	所代表物理量及单位
A_{cs}	进料空间通流面积，m^2
A_{PVT}	光伏光热组件面积，m^2
A_{RO}	纯水透过因子，$kg/(m^2 \cdot s \cdot Pa)$
B	大气压力，Pa
B_{RO}	盐分透过因子，m/s
c	溶质物质的量浓度，mol/m^3
C	盐度，kg/m^3
C_D	膨胀阀流量系数
C_{pa}	空气的定压比热容，$J/(kg \cdot ℃)$
C_{ps}	水的定压比热容，$J/(kg \cdot ℃)$
C_{pv}	水蒸气的定压比热容，$J/(kg \cdot ℃)$
C_{pw}	吸附剂的定压比热容，$J/(kg \cdot ℃)$
D	空气的含湿量，g/kg（干空气）
D_e	吸附剂的有效扩散系数，m^2/s
D_{eff}	盐水流道的等效水力直径，m
D_f	柴油机燃料消耗，L/h
D_s	盐分在水中的扩散系数，m^2/s
D_w	吸附剂表面处空气含湿量，g/kg（干空气）
f_s	气流流通断面上，气流流通面积占转轮总横断面积的比例
F_V	单位体积转轮中吸附剂的表面积，m^2/m^3
GHV	天然气的热值，J/m^3
G_s	任意条件下的太阳辐射，kg/m^3
h_1、h_4	蒸发器出入口制冷剂的焓值，kJ/kg
h_2	压缩机出口制冷剂的焓值，kJ/kg
h_3	冷凝器出口制冷剂的焓值，kJ/kg
J_s	盐分的膜质量通量，$kg/(m^2 \cdot s)$
J_w	纯水的膜质量通量，$kg/(m^2 \cdot s)$

参数符号	所代表物理量及单位
k_{com}	压缩机压缩过程的多变指数
K_y	以含湿量差为推动力的传质系数，$kg/(m^2 \cdot s)$
Δl	控制容积轴向长度，m
m_g	天然气的消耗量，kg
m_i	通过转轮单位横截面积上的空气质量流量，$kg/(m^2 \cdot s)$
m_r	流经膨胀阀制冷剂的质量流量，kg/s
M_g	储气罐余量系数
M_w	单位体积转轮中容纳的吸附剂质量，kg/m^3
n_{RO}	盐水流道的数量
NTU_e	蒸发器传热单元数
p_3、p_4	流经膨胀阀制冷剂的进出口压力，Pa
P_{BC}	蓄电池的充电功率，W
P_{BD}	蓄电池的放电功率，W
P_{com1}	压缩机吸气压力，Pa
P_{com2}	压缩机排气压力，Pa
P_{DG}	柴油发电机输出功率，kW
P_{Dr}	柴油发电机额定功率，kW
P_{EH}	电辅热设备消耗的电功率，W
P_{PVT}	光伏光热组件输出电功率，W
P_{P2G}	P2G 设备消耗的有功功率，W
P_s	吸附剂壁温 t_w 下水的饱和蒸汽压，Pa
P_W	风力发电机输出功率，W
P_{WR}	风力发电机额定功率，W
q_{me}	蒸发器制冷剂的质量流量，kg/s
Q_k	制冷机组冷凝热，kW
Q_{PVT}	光伏光热组件输出热功率，W
Q_{P2G}	P2G 设备产生的天然气流量，m^3/s
Q_x	吸附剂产生的吸附热，J/kg
R	吸附剂的形状因子
R_{RO}	RO 设备的回收率
SP_{RO}	RO 设备的盐通率
t_w	吸附剂的温度，℃
T_a	环境温度，℃

参数符号	所代表物理量及单位
T_{cell}	光伏电池温度，℃
$T_{in,cool}$	冷流体的进口温度，℃
$T_{in,hot}$	热流体的进口温度，℃
Δt_{me}	蒸发器对数平均传热温差，℃
ΔT_{min}	进入换热器中冷热流体中质量流量较小的进出口温差，℃
T_{ref}	参考温度，℃
Th_{EH}	电辅热设备输出的热功率，W
U_{loss}	热损失系数
v_w	经过膜的总容积通量，m/s
V	风速，m/s
V_{ci}	风机启动的切入风速，m/s
V_{co}	风机切出风速，m/s
V_r	风机额定风速，m/s
W	吸附剂水分吸附率，kg（水分）/kg（吸附剂）
W_{max}	吸附剂的最大吸附率，kg（水分）/kg（吸附剂）
W_{RO}	盐水流道的宽度，m
z_{RO}	盐水流道的高度，m
α_{DG}	燃料消耗曲线的系数之一，L/（kW·h）
α_{ex}	空气与吸附剂间的换热系数，W/（m²·K）
α_{PVT}	光伏板的吸收率
β_{DG}	燃料消耗曲线的系数之一，L/（kW·h）
β_{ref}	功率变化温度系数
ε_h	蓄热水箱自放热系数
ε_e	蒸发器传热效率
η_{BC}	蓄电池的充电效率
η_{BD}	蓄电池的放电效率
η_{coms}	压缩机机电效率
η_E	光伏光热组件发电效率
η_{EH}	电辅热设备的电热转换效率
η_h	热水供应效率
η_{inv}	逆变器效率
η_{P2G}	P2G 设备的转换效率
η_{ref}	光伏光热组件参考发电效率

参数符号	所代表物理量及单位
η_{th}	光伏光热组件产热效率
λ	吸附剂的导热系数
λ_{com}	压缩机输气系数
v_4	膨胀阀出口制冷剂的比容，m^3/kg
ρ_3	流经膨胀阀制冷剂的进口密度，kg/m^3
ρ_i	空气密度，kg/m^3
ρ_P	淡水密度，kg/m^3
σ_{bat}	蓄电池的自放电率
τ	响应时间，s
τ_{PVT}	光伏板的透射率
ϕ	空气的相对湿度，%
ω	转轮旋转角速度，s^{-1}

附表 2　上下标及含义

上下标	含　　义
al	临界状态限值
bat	蓄电池
ci	切入
co	切出
DG	柴油发电机
em	紧急状态限值
F	总进料水
M	膜表面
op	正常状态限值
P	渗透淡水侧
r	额定
re	恢复状态限值

附表 3　缩写词及全称

缩写词	全　称
DIES	分布式综合能源系统（Distributed Integrated Energy System）
aiNet	人工免疫网络（Artificial Immune Net）
AIS	人工免疫系统（Artificial Immune System）
CC	集中控制（Central Control）
CHP	热电联产（Combined Heat and Power）
DB	决策边界（Decision Boundaries）
DCL	数字通信链路（Digital Channel Link）
DE	差分进化（Differential Evolution）
DLCC	双层协调控制（Double Layer Coordinated Control）
DOD	放电深度（Depth of Discharge）
EMS	能量管理系统（Energy Management System）
FLC	模糊逻辑控制（Fuzzy Logic Control）
FP	固定优先级（Fixed Priority）
GA	遗传算法（Genetic Algorithm）
MAS	多代理系统（Multi-Agent System）
NP	非确定且多项式的（Non-deterministic Polynomial）
PAR	压力与释放风险模型（Pressure and Release Risk）
PI	基于性能影响（Performance Impacted）
PVT	光伏光热（Photovoltaic/Thermal）
P2G	电转气（Power to Gas）
RH	相对湿度（Relative Humidity）
RO	反渗透海水淡化（Reverse Osmosis）
SOC	蓄电状态（State of Charge）

参 考 文 献

［1］ 詹姆斯·科尔斯泰德，尼雷·夏．城市能源系统：一种综合方法［M］．北京：机械工业出版社，2019.

［2］ 刘悦．西藏牧区农村家庭能源消费现状调研与问题分析［J］．西藏科技，2023，45（4）：30-34.

［3］ 赵波．微电网优化配置关键技术及应用［M］．北京：科学出版社，2015.

［4］ 中国电机工程学会，北京电机工程学会．国家风光储输示范工程　储存风光　输送梦想联合发电［M］．北京：中国电力出版社，2018.

［5］ 王玟芴．考虑光伏不确定性的综合能源系统优化调度方法研究［D］．南京：东南大学，2022.

［6］ 张靖一，于永进，李昱君．基于改进灰狼算法的综合能源系统优化调度［J］．科学技术与工程，2021，21（19）：8048-8056.

［7］ Deng Z, Yang J, Dong C, et al. Research on economic dispatch of integrated energy system based on improved krill swarm algorithm［J］. Energy Reports, 2022, 8：77-86.

［8］ Ahmadi S E, Rezaei N, Khayyam H. Energy management system of networked microgrids through optimal reliability-oriented day-ahead self-healing scheduling［J］. Sustainable Energy Grids and Networks, 2020, 23：100387.

［9］ Ma T, Yang H, Lin L, et al. Pumped storage-based standalone photovoltaic power generation system：modeling and techno-economic optimization［J］. Applied Energy, 2015, 137：649-659.

［10］ Zhang S, Zhao X, Andrews-Speed P, et al. The development trajectories of wind power and solar PV power in China：a comparison and policy recommendations［J］. Renewable and Sustainable Energy Reviews, 2013, 26（10）：322-331.

［11］ Dinçer H, Yüksel S. Multidimensional evaluation of global investments on the renewable energy with the integrated fuzzy decision-making model under the hesitancy［J］. International Journal of Energy Research, 2019, 43：1775-1784.

［12］ McHenry M P. Why are remote western Australians installing renewable energy technologies in stand-alone power supply systems?［J］. Renewable Energy, 2009, 34（5）：1252-1256.

［13］ Rabiee A, Sadeghi M, Aghaeic J, et al. Optimal operation of microgrids through simultaneous scheduling of electrical vehicles and responsive loads considering wind and PV units uncertainties［J］. Renewable and Sustainable Energy Reviews, 2016（57）：721-739.

［14］ Mostafa Sedighizadeh A, Masoud Esmaili B, Nahid Mohammadkhani A. Stochastic multi-objective energy management in residential microgrids with combined cooling, heating, and power units considering battery energy storage systems and plug-in hybrid electric vehicles［J］. Journal of Cleaner Production, 2018, 195, 301-317.

［15］ 薛美东．微网优化配置能量管理研究［D］．杭州：浙江大学，2015.

［16］ Jiang Q, Xue M, Geng G. Energy management of microgrid in grid-connected and stand-alone modes［J］. IEEE Transactions on Power Systems, 2013, 28（3）：3380-3389.

[17] 郑杰辉. 综合能源系统优化运行及其决策算法研究 [D]. 广州：华南理工大学，2017.

[18] Chang G, Aganagic M, Waight J, et al. Experiences with mixed integer linear programming based approaches on short-term hydro scheduling [J]. IEEE Transactions on Power Systems, 2001, 16 (4)：743-749.

[19] Spangler R, Shoults R. Power generation, operation, and control [J]. IEEE Power & Energy Magazine, 2014, 12 (4)：90-93.

[20] Xia Q, Xiang N D, Wang S Y, et al. Optimal daily scheduling of cascaded plants using a new algorithm of nonlinear minimum cost network flow [J]. IEEE Transactions on Power Systems, 1988, 3 (3)：929-935.

[21] Al-Agtash S, Su R. Augmented Lagrangian approach to hydro-thermal scheduling [J]. IEEE Transactions on Power Systems, 1998, 13 (4)：1392-1400.

[22] 吴阿琴. 考虑机组组合的水火电力系统经济调度问题——半定规划模型和算法 [D]. 南宁：广西大学，2007.

[23] Dursun E, Kilic O. Comparative evaluation of different power management strategies of a stand-alone PV/wind/PEMFC hybrid power system [J]. International Journal of Electrical Power & Energy Systems, 2012, 34 (1)：81-89.

[24] Dimitris Ipsakis A B, Spyros Voutetakis A, Panos Seferlis A C, et al. The effect of the hysteresis band on power management strategies in a stand-alone power system [J]. Energy, 2008, 33 (10)：1537-1550.

[25] Liao Z, Ruan X. A novel power management control strategy for stand-alone photovoltaic power system [C]. Power Electronics and Motion Control Conference, IPEMC′09. IEEE, 2009：445-449.

[26] Ismail M S, Moghavvemi M, Mahlia T M I. Design of an optimized photovoltaic and microturbine hybrid power system for a remote small community：case study of Palestine [J]. Energy Conversion and Management, 2013, 75：271-281.

[27] Ismail M, Moghavvemi M, Mahlia T. Techno-economic analysis of an optimized photovoltaic and diesel generator hybrid power system for remote houses in a tropical climate [J]. Energy Conversion and Management, 2013, 69 (5)：163-173.

[28] Dahmane M, Bosche J, El-Hajjaji A, et al. Renewable energy management algorithm for stand-alone system [C]. International Conference on Renewable Energy Research and Applications. IEEE, 2013：621-626.

[29] Nfah E M, Ngundam J M. Modelling of wind/diesel/battery hybrid power systems for far North Cameroon [J]. Energy Conversion and Management, 2008, 49 (6)：1295-1301.

[30] Nehrir M H, Lameres B J, Venhataramanan G, et al. An approach to evaluate the general performance of stand-alone wind/photovoltaic generating systems [J]. IEEE Transactions on Energy Conversion, 2000, 15 (4)：433-439.

[31] Kumar S, Naresh R. Efficient real coded genetic algorithm to solve the non-convex hydrothermal scheduling problem [J]. International Journal of Electrical Power & Energy Systems, 2007, 29 (10)：738-747.

［32］ Wong K P, Wong Y W. Short-term hydrothermal scheduling part. Ⅰ. Simulated annealing approach ［J］. IEE Proceedings-Generation, Transmission and Distribution, 1994, 141 (5): 497-501.

［33］ Sinha N, Chalrabarti R, Chattopadhyay P K. Fast evolutionary programming techniques for short-term hydrothermal scheduling ［J］. Electric Power Systems Research, 2003, 66 (2): 97-103.

［34］ Lu Y L, Zhou J Z, Qin H, et al. An adaptive chaotic differential evolution for the shorter hydrothermal generation scheduling problem ［J］. Energy Conversion and Management, 2010, 51 (7): 1481-1490.

［35］ Wang Y Q, Zhou J Z, Mo L, et al. Short-term hydrothermal generation scheduling using differential real-coded quantum-inspired evolutionary algorithm ［J］. Energy, 2012, 44 (1): 657-671.

［36］ He S, Wu Q H, Saunders J R. Group search optimizer: an optimization algorithm inspired by animal searching behavior ［J］. IEEE Transactions on Evolutionary Computation, 2009, 13 (5): 973-990.

［37］ Barley C D, Winn C B. Optimal dispatch strategy in remote hybrid power systems ［J］. Solar Energy, 1996, 58 (4/5/6): 165-179.

［38］ Dali M, Belhadj J, Roboam X. Theoretical and experimental study of control and energy management of a hybrid wind-photovoltaic system ［C］. International Multi-Conference on Systems. IEEE, 2011: 1-7.

［39］ Feroldi D, Degliuomini L N, Basualdo M. Energy management of a hybrid system based on wind-solar power sources and bioethanol ［J］. Chemical Engineering Research & Design, 2013, 91 (8): 1440-1455.

［40］ Bruni G, Cordiner S, Mulone V, et al. A study on the energy management in domestic microgrids based on model predictive control strategies ［J］. Energy Conversion and Management, 2015, 102: 50-58.

［41］ Basir Khan M R, Jidin R, Pasupuleti J. Multi-agent based distributed control architecture for microgrid energy management and optimization ［J］. Energy Conversion and Management, 2016, 112: 288-307.

［42］ Brka A, Kothapalli G, Al-Abdeli Y M. Predictive power management strategies for stand-alone hydrogen systems: Lab-scale validation ［J］. International Journal of Hydrogen Energy, 2015, 40 (32): 9907-9916.

［43］ Upadhyay S, Sharma M P. Selection of a suitable energy management strategy for a hybrid energy system in a remote rural area of India ［J］. Energy, 2016, 94: 352-366.

［44］ Bonissone P P. Soft computing: the convergence of emerging reasoning technologies ［J］. Soft Computing, 1997, 1 (1): 6-18.

［45］ Kalogirou S A. Applications of artificial neural-networks for energy systems ［J］. Applied Energy, 2000, 67 (1/2): 17-35.

［46］ Kalogirou S A. Artificial neural networks in renewable energy systems applications: a review

　　　　　〔J〕. Renewable and Sustainable Energy Reviews, 2001, 5 (4): 373-401.

〔47〕 Olatomiwa L, Mekhilef S, Shamshirband S, et al. Adaptive neuro-fuzzy approach for solar radiation prediction in Nigeria 〔J〕. Renewable and Sustainable Energy Reviews, 2015, 51: 1784-1791.

〔48〕 Abedi S, Alimardani A, Gharehpetian G, et al. A comprehensive method for optimal power management and design of hybrid RES-based autonomous energy systems 〔J〕. Renewable and Sustainable Energy Reviews, 2012, 16 (3): 1577-1587.

〔49〕 邱晓燕, 张子健, 李兴源. 基于改进遗传内点算法的电网多目标无功优化 〔J〕. 电网技术, 2009, 33 (13): 27-31.

〔50〕 Mellouk L, Ghazi M, Aaroud A, et al. Design and energy management optimization for hybrid renewable energy system-case study: Laayoune region 〔J〕. Renewable Energy, 2019, 139: 621-634.

〔51〕 Mohamed A, Mohammed O. Real-time energy management scheme for hybrid renewable energy systems in smart grid applications 〔J〕. Electric Power Systems Research, 2013, 96: 133-143.

〔52〕 Zhang H, Davigny A, Colas F, et al. Fuzzy logic based energy management strategy for commercial buildings integrating photovoltaic and storage systems 〔J〕. Energy and Buildings, 2012, 54: 196-206.

〔53〕 Berrazouane S, Mohammedi K. Parameter optimization via cuckoo optimization algorithm of fuzzy controller for energy management of a hybrid power system 〔J〕. Energy Conversion and Management, 2014, 78: 652-660.

〔54〕 Djekic I, Smigic N, Glavan R, et al. Transportation sustainability index in dairy industry-fuzzy logic approach 〔J〕. Journal of Cleaner Production, 2018, 180: 107-115.

〔55〕 Rezvani A, Esmaeily A, Etaati H, et al. Intelligent hybrid power generation system using new hybrid fuzzy-neural for photovoltaic system and RBFNSM for wind turbine in the grid connected mode 〔J〕. Frontiers in Energy, 2019, 13 (1): 131-148.

〔56〕 Wang L X. A course in fuzzy systems 〔M〕. USA: Prentice-Hall Press, 1999.

〔57〕 Leondes C T. Fuzzy logic and expert systems applications 〔M〕. Academic Press, 1998: 6.

〔58〕 Kannan D, Khodaverdi R, Olfat L, et al. Integrated fuzzy multi criteria decision making method and multi-objective programming approach for supplier selection and order allocation in a green supply chain 〔J〕. Journal of Cleaner Production. 2013, 47: 355-367.

〔59〕 Olatomiwa L, Mekhilef S, Ismail M S, et al. Energy management strategies in hybrid renewable energy systems: a review 〔J〕. Renewable and Sustainable Energy Reviews, 2016, 62: 821-835.

〔60〕 Feroldi D, Zumoffen D. Sizing methodology for hybrid systems based on multiple renewable power sources integrated to the energy management strategy 〔J〕. International Journal of Hydrogen Energy, 2014, 39 (16): 8609-8620.

〔61〕 Chen Y K, Wu Y C, Song C C, et al. Design and implementation of energy management system with fuzzy control for DC microgrid systems 〔J〕. IEEE Transactions on Power Electron,

2013, 28 (4): 1563-1570.

[62] Kyriakarakos G, Dounis A I, Arvanitis K G, et al. A fuzzy logic energy management system for polygeneration microgrids [J]. Renewable Energy, 2012, 41 (2): 315-327.

[63] Moradi M H, Hajinazari M, Jamasb S, et al. An energy management system (EMS) strategy for combined heat and power (CHP) systems based on a hybrid optimization method employing fuzzy programming [J]. Energy, 2013, 49: 86-101.

[64] Erdinc O, Elma O, Uzunoglu M, et al. Experimental performance assessment of an online energy management strategy for varying renewable power production suppression [J]. International Journal of Hydrogen Energy, 2012, 37 (6): 4737-4748.

[65] 谭永丽. 基于 Jerne 免疫网络的多机器人动态追捕算法的研究 [D]. 武汉: 武汉大学, 2014.

[66] Jerne N K. Towards a network theory of the immune system [J]. Annales D'immunologie, 1974, 125C (1/2): 373-389.

[67] Wu H, Shang H. Potential game for dynamic task allocation in multi-agent system [J]. ISA Transactions, 2020, 102: 208-220.

[68] Gerkey B P, Matarić M J. A formal analysis and taxonomy of task allocation in multi-robot systems [J]. International Journal of Robotics Research, 2004, 23 (9): 939-954.

[69] Kurdi H, Aldaood M F, Al-Megren S, et al. Adaptive task allocation for multi-UAV systems based on bacteria foraging behavior [J]. Applied Soft Computing, 2019, 83: 105643.

[70] Lerman K, Jones C, Galstyan A, et al. Analysis of dynamic task allocation in multi-robot systems [J]. International Journal of Robotics Research, 2006, 25 (3): 225-241.

[71] Fleischer L, Goemans M X, Mirrokni V S, et al. Tight approximation algorithms for maximum general assignment problems [C]. The Seventeenth Annual ACM-SIAM Symposium on Discrete Algorithms. New York: ACM, 2006: 611-620.

[72] Turra D, Pollini L, Innocenti M. Fast unmanned vehicles task allocation with moving targets [C]. IEEE Conference on Decision and Control. IEEE, 2005, 4: 4280-4285.

[73] Bazzan A L C, Klügl F. A review on agent-based technology for traffic and transportation [J]. Knowledge Engineering Review, 2013, 29 (3): 375-403.

[74] Chen B, Cheng H H. A review of the applications of agent technology in traffic and transportation systems [J]. IEEE Transactions on Intelligent Transportation Systems, 2010, 11 (2): 485-497.

[75] Lee D H, Zaheer S A, Kim J H. A resource-oriented, decentralized auction algorithm for multirobot task allocation [J]. IEEE Transactions on Automation Science and Engineering, 2015, 12 (4): 1469-1481.

[76] Liu L, Shell D A. Optimal market-based multi-robot task allocation via strategic pricing [J]. Robotics: Science and Systems, 2013 (9): 33-40.

[77] Shi H Y, Wang W L, Kwok N M, et al. Game theory for wireless sensor networks: a survey [J]. Sensors, 2012, 12 (7): 9055-9097.

[78] Pujol-Gonzalez M, Cerquides J, Farinelli A, et al. Efficient inter-team task allocation in

robocup rescue [C]. International Conference on Autonomous Agents and Multiagent Systems, International Foundation for Autonomous Agents and Multiagent Systems, 2015: 413-421.

[79] Whitbrook A, Meng Q, Chung P W H. A novel distributed scheduling algorithm for time-critical multi-agent systems [C]. IEEE/RSJ International Conference on Intelligent Robots and Systems. IEEE, 2015: 6451-6458.

[80] Chopra S, Notarstefano G, Rice M, et al. A distributed version of the hungarian method for multirobot assignment [J]. IEEE Transactions on Robotics, 2017, 33 (4): 932-947.

[81] Attiya G, Hamam Y. Task allocation for maximizing reliability of distributed systems: a simulated annealing approach [J]. Journal of Parallel and Distributed Computing, 2006, 66 (10): 1259-1266.

[82] Page A J, Keane T M, Naughton T J. Multi-heuristic dynamic task allocation using genetic algorithms in a heterogeneous distributed system [J]. Journal of Parallel and Distributed Computing, 2010, 70 (7): 758-766.

[83] Khamis A, Hussein A, Elmogy A. Multi-robot task allocation: a review of the state-of-the-art [J]. Cooperative Robots and Sensor Networks, 2015 (604): 31-51.

[84] Zhang K, Collins E G, Shi D. Centralized and distributed task allocation in multi-robot teams via a stochastic clustering auction [J]. Acm Transactions on Autonomous and Adaptive Systems, 2012, 7 (2): 1-22.

[85] Choi H L, Brunet L, How J P. Consensus-based decentralized auctions for robust task allocation [J]. IEEE Transactions on Robotics, 2009, 25 (4): 912-926.

[86] Saad W, Han Z, Basar T, et al. Hedonic coalition formation for distributed task allocation among wireless agents [J]. IEEE Transactions on Mobile Computing, 2011, 10 (9): 1327-1344.

[87] Jang I, Shin H, Tsourdos A. Anonymous hedonic game for task allocation in a large-scale multiple agent system [J]. IEEE Transactions on Robotics, 2018 (99): 1-15.

[88] Chapman A C, Micillo R A, Kota R, et al. Decentralised dynamic task allocation: a practical game-theoretic approach [J]. International Foundation for Autonomous Agents and Multiagent Systems, 2009 (2): 915-922.

[89] Li P, Duan H. A potential game approach to multiple uav cooperative search and surveillance [J]. Aerospace Science and Technology, 2017 (68): 403-415.

[90] Kschischang F R, Frey B J, Loeliger H A. Factor graphs and the sum-product algorithm [J]. IEEE Transactions on Information Theory, 2001, 47 (2): 498-519.

[91] Ramchurn S D, Farinelli A, Macarthur K S, et al. Decentralized coordination in robocup rescue [J]. The Computer Journal, 2010, 53 (9): 1447-1461.

[92] Corrêa A. Binary max-sum for clustering-based task allocation in the rmasbench platform [C]. IEEE Congress on Evolutionary Computation. IEEE, 2016: 1046-1053.

[93] Chen X, Zhang P, Du G, et al. A distributed method for dynamic multi-robot task allocation problems with critical time constraints [J]. Robotics and Autonomous Systems, 2019 (118): 31-46.

［94］ Turner J, Meng Q, Schaefer G, et al. Distributed task rescheduling with time constraints for the optimization of total task allocations in a multirobot system ［J］. IEEE Transactions on Cybernetics, 2018, 48 (9): 2583-2597.

［95］ Whitbrook A, Meng Q, Chung P W H. Reliable distributed scheduling and rescheduling for time-critical, multiagent systems ［J］. IEEE Transactions on Automation Science and Engineering, 2018, 15 (2): 732-747.

［96］ Boyer B H, Gibson M S, Loretan M. Pitfalls in tests for changes in correlation ［J］. International Finance Discussion Papers, 1997 (597): 58-460.

［97］ 吴娟. Copula 理论与相关性分析 ［D］. 武汉：华中科技大学, 2009.

［98］ Cantão M P, Bessa M R, Bettega R, et al. Evaluation of hydro-wind complementarity in the Brazilian territory by means of correlation maps ［J］. Renewable Energy, 2017, 101: 1215-1225.

［99］ Monforti F, Huld T, Bódis K, et al. Assessing complementarity of wind and solar resources for energy production in Italy. A Monte Carlo approach ［J］. Renewable Energy, 2014, 63: 576-586.

［100］ Bett P E, Thornton H E. The climatological relationships between wind and solar energy supply in Britain ［J］. Renewable Energy, 2016, 87 (1): 96-110.

［101］ 张尧庭. 我们应该选用什么样的相关性指标? ［J］. 统计研究, 2002, 19 (9): 41-44.

［102］ 张尧庭. 连接函数 (copula) 技术与金融风险分析 ［J］. 统计研究, 2002, 4: 48-51.

［103］ Junker M, Szimayer A, Wagner N. Nonlinear term structure dependence: copula functions, empirics and risk implications ［J］. Journal of Banking & Finance, 2006, 30 (4): 1171-1199.

［104］ Daneshlchah A, Remesan R, Chatrabgoun O, et al. Probabilistic modeling of flood characterizations with parametric and minimum information pair-copula model ［J］. Journal of Hydrology, 2016, 540: 469-487.

［105］ Sklar M. Fonctions de répartition à n dimensions et leurs marges ［M］. Paris: Institute of Statistics, University of Paris, 1959, 8: 229-231.

［106］ Tiwari A K, Nasreen S, Hammoudeh S, et al. Dynamic dependence of oil, clean energy and the role of technology companies: new evidence from copulas with regime switching ［J］. Energy, 2020, 220: 119590.

［107］ Benth F E, Kettler P C. Dynamic copula models for the spark spread ［J］. Quantitative Finance, 2011, 11 (3): 407-421.

［108］ Elberg C, Hagspiel S. Spatial dependencies of wind power and interrelations with spot price dynamics ［J］. European Journal of Operational Research, 2015, 241 (1): 260-272.

［109］ Moreno M. Portfolio selection with commodities under conditional copulas and skew preferences ［J］. Quantitative Finance, 2015, 15 (1): 151-170.

［110］ Pircalabu A, Hvolby T, Jung J, et al. Joint price and volumetric risk in wind power trading: a copula approach ［J］. Energy Economics, 2017, 62: 139-154.

［111］ Calabrese R, Degl'Innocenti M, Osmetti S A. The effectiveness of TARP-CPP on the US banking industry: a new copula-based approach [J]. European Journal of Operational Research, 2017, 256: 1029-1037.

[112] 史文浩. 视频自动跟踪算法的研究与飞行中的应用 [D]. 沈阳：东北大学, 2015.

[113] 牛君. 基于非参数密度估计点样本分析建模的应用研究 [D]. 济南：山东大学, 2007.

[114] Wang Y, Feng C L, Liu Y D, et al. Comparative study of species sensitivity distributions based on non-parametric kernel density estimation for some transition metals [J]. Environmental Pollution, 2017, 221: 343-350.

[115] 周建华. 基于人工免疫的有机制造系统监控技术研究 [D]. 南京：南京航空航天大学, 2014.

[116] 莫宏伟, 金鸿章. 人工免疫系统：一个新兴的交叉学科 [J]. 计算机工程与科学, 2004, 26 (5)：70-73.

[117] Farmer J D, Packard N H, Perelson A S. The immune system, adaptation, and machine learning [J]. Physica D, 1986, 2: 184-204.

[118] Stadler P F, Schuster P, Perelson A S. Immune networks modeled by replicator equations [J]. Journal of Mathematical Biology, 1994, 33 (2): 111-137.

[119] 胡江强. 基于克隆选择优化的船舶航向自适应控制 [D]. 大连：大连海事大学, 2008.

[120] Sumar R R, Coelho A A R, Coelho L D S. Use of an artificial immune network optimization approach to tune the parameters of a discrete variable structure controller [J]. Expert Systems with Applications, 2009, 36 (3): 5009-5015.

[121] Masutti T A S, Castro L N D. A self-organizing neural network using ideas from the immune system to solve the traveling salesman problem [J]. Information Science, 2009, 179 (10): 1454-1468.

[122] Dai H, Tang Z, Yang Y, et al. Affinity based lateral interaction artificial immune system [J]. IEICE Transactions on Information and Systems, 2006, E89D (4): 1515-1524.

[123] 邹凌伟. 基于人工免疫系统的故障诊断方法研究 [D]. 青岛：中国石油大学 (华东), 2013.

[124] 倪建成, 李志蜀, 孙继荣, 等. 树突状细胞分化模型在人工免疫系统中的应用研究 [J]. 电子学报, 2008, 36 (11): 2210-2215.

[125] Tang Z, Yamaguchi T, Tashima K. Multiple-valued immune network model and its simulation [C]. The 27 th International Symposium on Multiple-Valued Logic, 1997.

[126] 李海潮. 人工免疫理论及其在机械设备故障诊断中的应用研究 [D]. 赣州：江西理工大学, 2007.

[127] Stepney S, Clark J A, Johnson C G, et al. Artificial immune systems and the grand challenge for non-classical computation. [C]. International Conference on Artificial Immune Systems. Berlin: Springer, 2003: 204-216.

[128] Prakash A, Khilwani N, Tiwari M K, et al. Modified immune algorithm for job selection and operation allocation problem in flexible manufacturing systems [J]. Advances in Engineering Software, 2008, 39 (3): 219-232.

[129] Liao G C, Tsao T P. Application embedded chaos search immune genetic algorithm for short

term unit commitment [J]. Electric Power Systems Research, 2004, 71 (2): 135-144.

[130] 李安强, 王丽萍, 李崇浩, 等. 基于免疫粒子群优化算法的梯级水电厂间负荷优化分配 [J]. 水力发电学报, 2007, 26 (5): 15-20.

[131] Luh G C, Liu W W. An immunological approach to mobile robot reactive navigation [J]. Applied Soft Computing, 2008, 8 (1): 30-45.

[132] Garcia F, Bordons C. Optimal economic dispatch for renewable energy microgrids with hybrid storage using model predictive control [C]. Conference of the IEEE Industrial Electronics Society. IEEE, 2013: 7932-7937.

[133] Stluka P, Godbole D, Samad T. Energy management for buildings and microgrids [C]. Decision and Control and European Control Conference (CDC-ECC). IEEE, 2011: 5150-5157.

[134] Kriett P O, Salani M. Optimal control of a residential microgrid [J]. Energy, 2012, 42 (1): 321-330.

[135] Khodr H M, Halabi N E, García-Gracia M. Intelligent renewable microgrid scheduling controlled by a virtual power producer: a laboratory experience [J]. Renewable Energy, 2012, 48 (48): 269-275.

[136] Bracco S, Delfino F, Pampararo F, et al. A mathematical model for the optimal operation of the university of genoa smart polygeneration microgrid: evaluation of technical, economic and environmental performance indicators [J]. Energy, 2014, 64: 912-922.

[137] Chaouachi A, Kamel R M, Andoulsi R, et al. Multiobjective intelligent energy management for a microgrid [J]. IEEE Trans Ind Electron, 2013, 60 (4): 1688-1699.

[138] Adika C O, Wang L. Autonomous appliance scheduling for household energy management [J]. IEEE Transactions on Smart Grid, 2014, 5 (2): 673-682.

[139] Hooshmand A, Asghari B, Sharma R. A novel cost-aware multi-objective energy management method for microgrids [C]. Innovative Smart Grid Technologies (ISGT). IEEE, 2013: 1-6.

[140] Gamez Urias M E, Sanchez E, Ricalde L J. Electrical Microgrid optimization via a new recurrent neural network [J]. IEEE Systems Journal, 2015, 9 (3): 945-953.

[141] Nguyen T A, Crow M L. Optimization in energy and power management for renewable-diesel microgrids using dynamic programming algorithm [C]. IEEE International Conference on Cyber Technology in Automation, Control, and Intelligent Systems. IEEE, 2012: 11-16.

[142] Zhao B, Shi Y, Dong X, et al. Short-term operation scheduling in renewable-powered microgrids: a duality-based approach [J]. IEEE Transactions on Sustainable Energy, 2014, 5 (1): 209-217.

[143] Hemmati M, Amjady N, Ehsan M. System modeling and optimization for islanded micro-grid using multi-cross learning-based chaotic differential evolution algorithm [J]. International Journal of Electrical Power and Energy Systems, 2014, 56: 349-360.

[144] Nguyen D T, Le L B. Optimal energy management for cooperative microgrids with renewable energy resources [C]. IEEE International Conference on Smart Grid Communications. IEEE, 2013: 678-683.

[145] Chen C, Duan S, Cai T, et al. Smart energy management system for optimal microgrid economic operation [J]. IET Renewable Power Generation, 2011, 5 (3): 258-267.

[146] Duan L J, Zhang R. Dynamic contract to regulate energy management in microgrids [C]. IEEE International Conference on Smart Grid Communications. IEEE, 2013: 660-665.

[147] Garcia F, Bordons C. Regulation service for the short-term management of renewable energy microgrids with hybrid storage using model predictive control [C]. Conference of the IEEE Industrial Electronics Society. IEEE, 2013: 7962-7967.

[148] Kuramochi T, Ramírez A, Turkenburg W, et al. Techno-economic prospects for CO_2 capture from distributed energy systems [J]. Renewable and Sustainable Energy Reviews, 2013, 19: 328-347.

[149] Adika C O, Wang L. Energy management for a customer owned grid-tied photovoltaic micro generator [C]. Power and Energy Society General Meeting. IEEE, 2013: 1-5.

[150] Kanchev H, Lazarov V, Francois B. Environmental and economical optimization of microgrid long term operational planning including pv-based active generators [C]. International Power Electronics and Motion Control Conference. 2012: LS4b-2. 1-1-LS4b-2. 1-8.

[151] Zhang Y, Gatsis N, Giannakis G B. Robust energy management for microgrids with high-penetration renewables [J]. IEEE Transactions on Sustainable Energy, 2012, 4 (4): 944-953.

[152] Ma K, Hu G, Spanos C J. Energy consumption scheduling in smart grid: A non-cooperative game approach [C]. Asian Control Conference. IEEE, 2013: 1-6.

[153] Corso G, Silvestre M L D, Ippolito M G, et al. Multi-objective long term optimal dispatch of distributed energy resources in micro-grids [C]. International Universities Power Engineering Conference (UPEC). IEEE, 2010: 1-5.

[154] Lin N, Zhou B X, Wang X Y. Optimal placement of distributed generators in micro-grid [C]. International Conference on Consumer Electronics, Communications and Networks (CECNet). IEEE, 2011: 4239-4242.

[155] Kumar N H, Doolla S. Energy management in microgrids using demand response and distributed storages multiagent approach [J]. IEEE Transactions on Power Delivery, 2013, 28 (2): 939-947.

[156] Nunna H K, Doolla S. Demand response in smart distribution system with multiple microgrids [J]. IEEE Transactions on Smart Grid, 2012, 3 (4): 1641-1649.

[157] Viral R, Khatod D K. Optimal planning of distributed generation systems in distribution system: a review [J]. Renewable and Sustainable Energy Reviews, 2012, 16 (7): 5146-5165.

[158] Pepermans G, Driesen J, Haeseldonckx D, et al. Distributed generation: definition benefits and issues [J]. Energy Policy, 2005, 33 (6): 787-798.

[159] Sahoo S K, Sinha A K, Kishore N K. Control techniques in AC, DC, and hybrid AC-DC microgrid: a review [J]. IEEE Journal Emerging and Selected Topics in Power Electronics, 2017, 6 (2): 738-759.

[160] Yazdanian M, Mehrizi-Sani A. Distributed control techniques in Microgrids [J]. IEEE Transactions on Smart Grid, 2014, 5 (6): 2901-2909.

[161] Anand S, Fernandes B G, Guerrero J M. Distributed control to ensure proportional load sharing and improve voltage regulation in low-voltage DC microgrids [J]. IEEE Transactions on Power Electronics, 2013, 28 (4): 1900-1913.

[162] Sun K, Zhang L, Xing Y, et al. A distributed control strategy based on dc bus signaling for modular photovoltaic generation systems with battery energy storage [J]. IEEE Transactions on Power Electronics, 2011, 26 (10): 3032-3045.

[163] Vaiman M. Risk Assessment of cascading outages: methodologies and challenges [J]. IEEE Transactions on Power Systems, 2012, 27 (2): 631-641.

[164] Hines P, Apt J, Talukdar S. Large blackouts in North America: Historical trends and policy implications [J]. Energy Policy, 2009, 37 (12): 5249-5259.

[165] Billinton R, Li W Y. Reliability assessment of electric power systems using Monte Carlo methods [M]. New York: Plenum Press, 1994.

[166] Dobson I, Kim J, Wierzbicki K R. Testing Branching Process Estimators of Cascading Failure with Data from a Simulation of Transmission Line Outages [J]. Risk Analysis, 2010, 30 (4): 650-662.

[167] 程林, 何剑. 电力系统可靠性原理和应用 [M]. 北京: 清华大学出版社, 2015.

[168] Firtina-Ertis I, Acar C, Erturk E. Optimal sizing design of an isolated stand-alone hybrid wind-hydrogen system for a zero-energy house [J]. Applied Energy, 2020, 274: 115244.

[169] Mehrjerdi H. Modeling and optimization of an island water-energy nexus powered by a hybrid solar-wind renewable system [J]. Energy, 2020, 197: 117217.

[170] Padron I, Avila D, Marichal G N, et al. Assessment of Hybrid Renewable Energy Systems to supplied energy to Autonomous Desalination Systems in two islands of the Canary Archipelago [J]. Renewable and Sustainable Energy Reviews, 2019, 101: 221-230.

[171] Sun S, Liu F, Xue S, et al. Review on wind power development in China: current situation and improvement strategies to realize future development [J]. Renewable and Sustainable Energy Reviews, 2015, 45: 589-599.

[172] Kern E C, Russell M C. Combined photovoltaic and thermal hybrid collector systems [J]. Japanese Journal of Applied Physics, 1978, 19 (2): 79-83.

[173] Zondag H A, Vries D W D, Helden W G J V, et al. The yield of different combined PV-thermal collector designs [J]. Solar Energy, 2003, 74 (3): 253-269.

[174] Yousefi H, Ghodusinejad M H, Kasaeian A. Multi-objective Optimal Component Sizing of a Hybrid ICE+PV/T Driven CCHP Microgrid [J]. Applied Thermal Engineering, 2017, 122: 126-138.

[175] Mohamed M A, Eltamaly A M. Sizing and techno-economic analysis of stand-alone hybrid photovoltaic/wind/diesel/battery power generation systems [J]. Journal of Renewable and Sustainable Energy, 2015, 7 (6): 063128-01-063128-18.

[176] Dufo-López R, Bernal-Agustín J L, Yusta-Loyo J M, et al. Multi-objective optimization

minimizing cost and life cycle emissions of stand-alone PV-wind-diesel systems with batteries storage [J]. Applied Energy, 2011, 88 (11): 4033-4041.

[177] Maleki A, Khajeh M G, Ameri M. Optimal sizing of a grid independent hybrid renewable energy system incorporating resource uncertainty, and load uncertainty [J]. International Journal of Electrical Power & Energy Systems, 2016, 83: 514-524.

[178] 李芃, 仇中柱, 沈晋明. 除湿转轮的数学模型 [J]. 同济大学学报（自然科学版）, 2004, 32 (3): 327-331.

[179] 腊栋, 代彦军, 李勇, 等. 干空气和冷冻水联产除湿空调节能特性研究 [J]. 工程热物理学报, 2009, 30 (6): 923-926.

[180] 李磊. 高温高湿地区温湿度独立处理装置的性能研究 [D]. 西安: 西安建筑科技大学, 2018.

[181] 丁国良, 张春路. 制冷空调装置仿真与优化 [M]. 北京: 科学出版社, 2001.

[182] Belderbos A, Delarue E, D′Haeseleer W. Possible role of power-to-gas in future energy systems [C]. International Conference on the European Energy Market. Lisbon, 2015: 1-5.

[183] Liu W J, Wen F S, Xue Y S. Power-to-gas technology in energy systems: current status and prospects of potential operation strategies [J]. Journal of Modern Power Systems and Clean Energy, 2017, 5 (3): 439-450.

[184] Qu K, Zheng B, Yu T, et al. Convex decoupled-synergetic strategies for robust multi-objective power and gas flow considering power to gas [J]. Energy, 2019, 168: 753-771.

[185] 于潇涵, 赵晋泉. 含 P2H, P2G 电-气-热 DIES 多能流算法 [J]. 电力建设, 2018, 39 (12): 13-21.

[186] 马晓林. 有机工质朗肯循环驱动反渗透海水淡化建模研究 [D]. 北京: 华北电力大学, 2016.

[187] Al-Bastaki N M, Abbas A. Modeling an Industrial Reverse Osmosis Unit [J]. Desalination, 1999, 126 (1/2/3): 33-39.

[188] Al-Bastaki N M, Abbas A. Predicting the performance of RO membranes [J]. Desalination, 2000, 132 (1/2/3): 181-187.

[189] Geraldes V, Pereira N E, Pinho M N D. Simulation and Optimization of Medium-Sized Seawater Reverse Osmosis Processes with Spiral-Wound Modules [J]. Industrial Engineering Chemistry Research, 2005, 44 (6): 1897-1905.

[190] Lu Y, Hu Y, Zhang X, et al. Optimum design of reverse osmosis system under different feed concentration and product specification [J]. Journal of Membrane Science, 2007, 287 (2): 219-229.

[191] Boudinar M B, Hanbury W T, Avlonitis S. Numerical simulation and optimisation of spiral-wound modules [J]. Desalination, 1992, 86 (3): 273-290.

[192] Lorestani A, Ardehali M M. Optimization of autonomous combined heat and power system including PVT, WT, storages, and electric heat utilizing novel evolutionary particle swarm optimization algorithm [J]. Renewable Energy, 2018, 119: 490-503.

[193] Vasallo M J, Bravo J M, Andújar J M. Optimal sizing for UPS systems based on batteries and/

or fuel cell [J]. Applied Energy, 2013, 105: 170-181.

[194] 房新力. 基于复杂网络理论的主动配电网运行管理策略研究 [D]. 杭州: 浙江大学, 2015.

[195] 郭世泽, 陆哲明. 复杂网络基础理论 [M]. 北京: 科学出版社, 2012.

[196] 汪小帆, 李翔, 陆关荣. 复杂网络理论及其应用 [M]. 北京: 清华大学出版社, 2006: 260.

[197] Barabási A L, Albert R. Emergence of scaling in random networks [J]. Science, 1999, 286: 509-512.

[198] Hashimoto S, Yoshiki S, Saeki R, et al. Development and application of traffic accident density estimation models using kernel density estimation [J]. Journal of Traffic and Transportation Ingineering (English Edition), 2016, 3 (3): 262-270.

[199] Gramaclci A, Gramacki J. FFT-based fast bandwidth selector for multivariate kernel density estimation [J]. Computational Statistics and Data Analysis, 2017, 106: 27-45.

[200] Montes-Iturrizaga R, Heredia-Zavoni E. Reliability analysis of mooring lines using Copulas to model statistical dependence of environmental variables [J]. Applied Ocean Research, 2016, 59: 564-576.

[201] 刘振亮. 基于 Copula 函数的投资组合的风险度量研究 [D]. 哈尔滨: 哈尔滨商业大学, 2018.

[202] Kimberling C. A directory of families of infinitely extendible Archimedean Copulas [J]. Fuzzy Sets and Systems, 2016, 299: 130-139.

[203] Wu X Z. Modelling dependence structures of soil shear strength data with bivariate Copulas and applications to geotechnical reliability analysis [J]. Soils and Foundations, 2015, 55 (5): 1243-1258.

[204] Kayalar D E, Küçüközmen C C. Selcuk-Kestel A S. The impact of crude oil prices on financial market indicators: Copula approach [J]. Energy Economics, 2017, 61: 162-173.

[205] 左兴权, 莫宏伟. 免疫调度原理与应用 [M]. 北京: 科学出版社, 2013.

[206] Vrettos E I, Papathanassiou S A. Operating policy and optimal sizing of a high penetration res-bess system for small isolated grids [J]. IEEE Transactions on Energy Conversion, 2011, 26 (3): 744-756.

[207] 沈玉明, 胡博, 谢开贵, 等. 计及储能寿命损耗的孤立微电网最优经济运行 [J]. 电网技术, 2014, 38 (9): 2371-2378.

[208] Chalise S, Sternhagen J, Hansen T M, et al. Energy management of remote microgrids considering battery lifetime [J]. The Electricity Journal, 2016, 29 (6): 1-10.

[209] 王立新. 模糊系统与模糊控制教程 [M]. 北京: 清华大学出版社, 2003.

[210] Bahramirad S, Camm E. Practical modeling of smart grid SMS™ storage management system in a microgrid [C]. Transmission and Distribution Conference and Exposition. IEEE, 2012: 1-7.

[211] Latorre F J G, Báez S O P, Gotor A G. Energy performance of a reverse osmosis desalination plant operating with variable pressure and flow [J]. Desalination, 2015, 366: 146-153.

[212] Cau G, Cocco D, Petrollese M, et al. Energy management strategy based on short-term

generation scheduling for a renewable microgrid using a hydrogen storage system [J]. Energy Conversion and Management, 2014, 87: 820-831.

[213] 单奕. 海水源热泵技术在天津港的应用和研究 [D]. 天津: 天津大学, 2009.

[214] 许达, 刘启斌, 隋军, 等. 太阳能与甲醇热化学互补的分布式能源系统研究 [J]. 工程热物理学报, 2013, 34 (9): 1601-1605.

[215] Cerci Y. Exergy analysis of a reverse osmosis desalination plant in California [J]. Desalination, 2002, 142 (3): 257-266.

[216] 王继选, 刘小贞, 霍娟, 等. 广义㶲计算模型及其在发电系统中的应用 [J]. 太阳能学报, 2016: 37 (5): 1255-1261.

[217] Arghandeh R, Meier A V, Mehrmanesh L, et al. On the definition of cyber-physical resilience in power systems [J]. Renewable and Sustainable Energy Reviews, 2016, 58: 1060-1069.

[218] Holling C S. Simplifying the complex: The paradigms of ecological function and structure [J]. European Journal of Operational Research, 1987, 30 (2): 139-146.